集人文社科之思　刊专业学术之声

集 刊 名：环境社会学
主　　编：陈阿江
副 主 编：陈　涛
主办单位：河海大学环境与社会研究中心
　　　　　河海大学社科处
　　　　　中国社会学会环境社会学专业委员会

ENVIRONMENTAL SOCIOLOGY RESEARCH No.1 2024

2024年第1期（总第5期）

集刊序列号：PIJ-2021-436

中国集刊网：www.jikan.com.cn/环境社会学

集刊投约稿平台：www.iedol.cn

2024 年第 1 期（总第 5 期）

陈阿江　主编

环境社会学

ENVIRONMENTAL
SOCIOLOGY
RESEARCH

No.1 2024

社会科学文献出版社
SOCIAL SCIENCES ACADEMIC PRESS (CHINA)

河海大学中央高校基本科研业务费"《环境社会学》（集刊）编辑与出版"（B230207043）

"十四五"江苏省重点学科河海大学社会学学科建设经费

卷首语

本期以"环境治理"为主题，聚焦中国环境治理领域的重要现实议题。推进人与自然和谐共生的中国式现代化，须面向环境治理的实践领域，深刻理解环境治理的难点与痛点，解析环境治理实践的运作逻辑及问题症结，探索环境治理体系及治理能力提升之道。伴随现代化进程的快速发展，环境问题在社会生产及公众生活中系统性呈现并造成广泛的社会影响。围绕大气、水、土壤等领域的环境问题，各级政府及地方社会就推动发展方式、生活方式绿色转型探索了丰富的治理实践。环境治理作为社会行动，以特定的价值及理念为指引，蕴含治理主体对人与自然、人与人关系的认知，嵌于特定的社会结构框架，具有鲜明的社会属性与时代特征。深入探索环境治理领域的重要学术命题，有利于助推社会系统在绿色低碳转型道路上行稳致远。

"环境治理现代化"栏目中，《区域环境冲突风险的影响因素及协同治理路径研究——基于风险的社会放大理论与省级面板数据的分析》一文，以防范和化解环境领域的社会冲突风险为出发点，探讨哪些因素导致了中国各地环境冲突风险的差异，基于协同治理思路构建了环境冲突风险的治理路径。《物质供给、社会资本对公众参与环境治理意愿的影响路径》一文，基于社会实践、社会资本和环境心理学理论，探究了公众参与环境治理的行动逻辑与发生机制，提出了公众参与环境治理的培育路径，为推动我国政府提升环境治理能力提供了参考。《技术赋能驱动环境治理模式创新研究——基于 A 市"环境医院"的实践探索》一文紧扣现代信息技术赋能环境治理模式创新的新现象，基于"环境医院"案例展示技术赋能下环境治理如何实现全流程、一体化的精细治理，为地方政府推动治理模式由传统向智慧的转变提供借鉴和参考。

"水环境及水资源治理"栏目中，《农村水利建设的财政中心模式及其嬗变：从分税制到项目制》一文关注中国农村水利建设动员背后的机制，基于赣中两个乡的案例分析了中国农村水利建设中独特的财政中心的动员模式，阐释了财政预算制度的变迁如何影响农村水利建设中的资源动员。《从"以财治河"到"以河生财"：城市河流治理中的地方政府及其动力机制分析》一文从解释及突破现实中地方政府面对城市河流不敢治、不能治与不想治的问题意识出发，基于案例对比分析了"以财治河"及"以河生财"治理模式，解读了地方政府治河的动力机制及高质量发展理念下的新趋向，对如何在"不变体制变机制"的思路之下实现城市河流治理机制的转换或创新具有重要现实意义。《环境正义视角下的石羊河流域治理之道》一文从环境正义这一独特研究视角，深入阐释石羊河流域治理取得良好成效的内在机理，发现从"以水增产型治理"走向"环境正义型治理"是石羊河流域治理成功转型的关键，基于种际正义、地域正义双重目标实现治理结构中的环境承认正义、环境制度正义及环境分配正义，用水秩序得以重构，人与自然、上下游的和谐共处得以实现。

"垃圾问题及其治理"栏目中，《双向修复：国家与农民关系视野中的存量垃圾污染治理》一文从乡村治理现代化的整体性立场出发，以国家与农民关系为视角分析了政府与农民在存量垃圾二次污染治理中的行为，阐释了基层政府与村民基于差异化的治理基础与治理诉求，采取不同的治理举措达成的衔接或对接式治理的逻辑。《农村生活垃圾处理的环境话语及其建构逻辑》一文以环境建构主义视角审视农村生活垃圾处理问题，指出在不同社会情境下存在"规制话语""科学话语""生活话语"三种环境话语类型，对不同类型的环境行动有强弱程度不同的影响效果。《城市社区生活垃圾分类的嵌入性困境及其治理》一文试图解释地方政府垃圾治理中由重激励社区参与到重行政驱动社区参与的管理思维转变，围绕社区生活垃圾分类如何及为何出现从积极响应到消极应付的行动变化，提出政府应分阶段稳步推进社区生活垃圾分类工作，从而逐步依托政策制度将生活垃圾分类适时、适度、适宜地嵌入社区日常工作之中的观点。

在"学术访谈"栏目中，受访专家生态人类学家崔延虎教授围绕绿洲生态人类学的研究现状、方法及未来转型，新疆绿洲社会传统文化，新疆水养绿洲的历史及其演变，新疆用水结构平衡与实现可持续发展的方式以及新疆生态文明建设等议题展开深入的讨论，为我们理解绿洲生态人类学这一学科以及新疆地区水资源利用、水文化及生态文明建设等现实议题提供了重要启发。

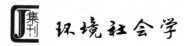环境社会学

2024 年第 1 期（总第 5 期）

2024 年 4 月出版

区域环境冲突风险的影响因素及协同治理路径研究

——基于风险的社会放大理论与省级面板数据的分析

赖先进[*]

摘　要： 环境污染引致的社会冲突风险受到多种因素的影响和制约，既有来自环境污染风险本身的影响，也有宏观经济社会发展因素的影响。哪些因素与一个地区环境冲突风险的发生具有显著相关性？本文基于风险的社会放大理论（SARF），构建了环境冲突风险的影响因素分析模型，通过对2003年至2015年这13年间31个省份区域内动态面板数据的分析，得出实证研究结论：（1）作为风险源，环境污染与环境冲突风险具有显著的正相关关系；（2）作为风险社会放大的信息载体，互联网与环境冲突风险不具有正相关关系，宏观层面的互联网发展并不具有环境冲突风险的社会放大效应；（3）作为风险放大的社会因素，地区收入差距因素与环境冲突风险具有显著的正相关关系；（4）作为风险的社会缩减因素，环境治理投入因素与环境冲突风险相关性不显著。基于上述实证研究结论，本文从技术控制、体制改革、社会防控三方面对防范、化解环境冲突风险的协同治理路径进行了对策思考。

关键词： 风险治理　环境冲突　协同治理

冲突是社会生活中的一种现象。按照冲突的发生和作用领域，社会冲突可以分为公共冲突和私人冲突。公共冲突是个体之间、个体与群体

---

* 赖先进，中共中央党校（国家行政学院）公共管理教研部教授，北京大学国家治理研究院兼职研究员，研究方向为风险与应急管理、行政改革与国家治理现代化、科技政策与管理。

之间、群体与群体之间，甚至国家之间因矛盾和纠纷而产生的对国家和社会公共安全产生影响的冲突事件。公共冲突发生在公共领域，区别于发生在私人领域的冲突，具有公共性特征。公共冲突风险则是公共冲突事件发生的可能性。虽然从社会发展的长远角度看，社会学功能冲突理论认为一般的冲突对社会发展具有正向功能（比如，社会学家科塞认为冲突具有疏通社会不满情绪和协调利益的积极功能[①]），但是发生在公共领域的公共冲突，尤其是重大公共冲突事件无疑对公共利益和公共价值形成挑战。从维护公共秩序的角度看，公共冲突风险需要进行有效管理和治理。

环境冲突风险是指生态环境领域发生社会公共冲突事件和群体性事件的可能性。不同于环境污染事件具有的技术性特征，环境冲突事件带来的风险本质上是一种社会风险，具有很强的社会性和公共性特征。2017 年，党的十九大报告明确提出，坚决打好防范化解重大风险、精准脱贫、污染防治的攻坚战。作为"三大攻坚战"之首，防范化解重大风险是立足全局、着眼长远的战略性安排。2022 年，党的二十大报告在增强维护国家安全能力的部署中明确提出，要提高防范化解重大风险能力；在深入推进环境污染防治的部署中明确提出，要严密防控环境风险。由此可见，在全面建成社会主义现代化国家新征程中，环境冲突风险的治理，既是环境风险防控面临的重要任务，也是防范化解重大风险的重要内容，具有复合性、艰巨性和紧迫性。近年来，随着我国生态文明建设和社会建设的不断推进，生态环境明显改善。但在一些地方和基层，环境冲突事件时有发生，环境冲突风险隐患依然存在。在社会对环境问题高度关切的背景下，环境问题，尤其是敏感性环境项目建设问题容易转化为社会群体性事件或者社会公共舆论事件，环境冲突风险的防控、治理亟待关注和解决。

---

① 科塞：《社会冲突的功能》，孙立平等译，北京：华夏出版社，1989 年。

一 问题的提出：为什么区域环境冲突 风险存在显著差异

现代社会是一个风险社会，相较传统社会，现代社会的风险总量大大增加。[①] 人类社会常常面临经济风险、政治风险、环境风险等各类风险的挑战。防范和应对各类风险是政府治理的重要任务。作为环境风险的衍生形态和新型表现形式，环境领域的社会冲突风险是政府治理的新问题、新挑战。与环境污染风险相比，环境冲突风险是环境风险在社会层面的应用和拓展。随着人们环保意识的逐步提高，社会公众对环境项目及其风险的敏感程度也逐步提升。原有的狭义的环境风险概念逐渐呈现广义化的发展趋势。环境风险不再只是技术层面的环境污染风险，即项目建设过程中发生环境污染事故的可能性；还表现为社会层面的环境冲突风险，即环境相关项目建设引发社会冲突或不稳定事件的可能性。现有的理论研究主要是研究环境风险，注重对环境风险发生的原因和影响因素进行实证分析，对环境冲突风险研究较少。环境冲突风险研究是当前环境治理和社会治理研究的新兴领域。

防范和化解环境冲突风险，已成为优化区域社会治理模式和推进生态文明建设的重要任务。一方面，从区域社会治理的角度看，防范和化解事前的冲突风险是新时代推进社会治理现代化的重要任务。社会治理不仅要关注已经发生的社会问题，也要防范可能发生社会问题的各类风险因素。新公共管理理论学者认为，政府治理的目的是"使用少量钱预防，而不是花大量钱治疗"。[②] 可见，从重视事中事后应对转向重视事前的风险治理，是现代社会治理与传统社会治理的重要区别，也是推进我国社会治理现代化的新路径。另一方面，从生态文明建设的

---

① U. Beck, *Risk Society: Towards a New Modernity*, London: Sage Publications, 1992.

② David Osborne and Ted Gaebler, *Reinventing Government: How the Entrepreneurial Spirit is Transforming the Public Sector*, New York: Plume, 1993.

角度看，环境冲突风险的存在和发生，给我国生态文明建设和美丽中国建设目标的顺利实现带来了挑战。在过去的一段时间，环境冲突事件不时发生，既形成了社会治理的不稳定因素，又阻碍了生态文明建设进程。因此，理论界和实务界对防范化解环境冲突风险高度关注。凡事预则立，不预则废。如何把握环境冲突风险的成因，从源头上加强环境冲突风险治理，是摆在理论研究和实际工作者面前的重要课题。

在我国，环境冲突风险具有明显的区域性特征。分析环境冲突风险的区域性特征及其差异，是环境冲突风险研究的一条重要路径。环境冲突风险是环境冲突事件的前期阶段。现有研究对环境冲突风险的衡量主要采用环境冲突事件发生的事后方法进行，具有一定的合理性，但也存在对事前环境冲突风险衡量不足的局限。不可否认，区域内群众信访行为对公共冲突风险发生的可能性具有表征作用。本文立足冲突事件发生的事前风险，借鉴田志华、田艳芳①的研究，以信访作为环境冲突的表征指标，采用环境领域群众来信来访数量作为环境冲突风险的衡量指标。从区域分布来看，环境冲突风险存在显著的省际差异。首先，从静态的绝对值看，各地区环境领域面临的社会风险水平是不一致的。环境领域群众来信来访数量是环境冲突风险水平的重要表征。从环境领域群众来信总数看，各省份数量不一。其次，从动态的发展趋势看，多数省份环境冲突风险在整体上都呈现逐年下降的态势，但各地区环境冲突风险的发展趋势也存在不一致现象，有的呈现直线下降态势、有的呈现曲线上升后下降态势，有的保持平稳态势。在静态和动态的省级差异背后，究竟是哪些因素导致了各地环境冲突风险的差异呢？分析和研究导致环境冲突风险出现差异的因素，有利于科学把握环境冲突风险治

---

① 田志华、田艳芳：《环境冲突是经济发展的副产品吗？——基于1998~2013年中国省级面板数据的分析》，《财经研究》2017年第11期。该文以环境领域群众来信来访数量为环境冲突风险的衡量指标也存在一定的局限：来信来访至少具有两重功能，一是环境诉求表达与环境参与；二是环境冲突风险显示。作为诉求表达方式，在对信访问题有效处理的条件下，来信来访数量衡量环境冲突风险的有效性将下降。环境诉求表达与衡量环境冲突风险具有一定的替代性。

理的重点，进一步防范、化解和治理环境领域可能发生的社会冲突风险。

二 文献综述与理论假设

作为新兴概念，国内外对于环境冲突风险的直接研究较少，相关研究主题是环境冲突研究。伴随国际上对环境风险研究的深入开展，环境冲突风险有关主题也逐步进入理论界的视野。

（一）国内外文献研究综述：从环境冲突研究向环境冲突风险研究的转换

从国际上看，20世纪70年代，在发达工业化国家，环境风险评价和研究逐步兴起和发展。国际上的环境风险研究主要关注技术风险、事故风险和健康风险等非社会类环境风险。从20世纪90年代起，国外研究开始关注环境冲突。贝克提出"风险社会"的概念，并对现代社会风险变化进行了分析。[①] 自此以后，风险社会学研究在国际上掀起了热潮。在这样的背景下，环境领域的风险也吸引了政治学、社会学和公共管理学等学科学者的关注，主要表现为环境冲突、环境不公平、环境正义等有关研究。Carla May Dhillon 以洛杉矶的废弃物处理设施为例，从公平分配、尊重、决策参与和社区能力等维度研究了公众科学与环境正义的关系。[②] S. Opotow 和 L. Weiss 从道德排斥的视角关注了环境冲突，认为有三种否定性的环境冲突类型：后果严重型、利益相关者嵌入型和自我介入型。[③] H. Wittmer 等认为环境冲突的复杂性来源于生态系统和社会系统的联合体，冲突决策中的传统式效率提升或成本效益提升框

① U. Beck, *Risk Society: Towards a New Modernity*, London: Sage Publications, 1992.

② Carla May Dhillon, "Using Citizen Science in Environmental Justice: Participation and Decision-making in a Southern California Waste Facility Siting Conflict," *Local Environment*, Vol. 22, No. 12, 2017.

③ S. Opotow and L. Weiss, "New Ways of Thinking about Environmentalism: Denial and the Process of Moral Exclusion in Environmental Conflict," *Journal of Social Issues*, Vol. 56, No. 3, 2010, pp. 475-490.

架不能有效应对环境冲突的复杂性，合法性和信息管理应该被包含到冲突管理的工具选择标准中。[①] H. Wittmer 等认为使用技术，尤其是信息技术，对于环境冲突化解具有重要的作用。[②] Rosemary O'Leary 和 Lisa Bingham 研究了化解环境冲突的绩效与目标问题，构建了环境冲突化解（Environmental Conflict Resolution，ECR）框架，提出了调解、斡旋和冲突评估等工具。[③] N. S. Jarraud 和 A. Lordos 以塞浦路斯的案例为例，讨论了参与路径在化解环境冲突中的功能。[④] M. Willrich 以水电站选址为例，关注了能源-环境冲突。[⑤] Tom Deligiannis 针对国家层面的能源-环境冲突研究，从地方层面提出了一个可能的能源-环境冲突研究框架。[⑥]

与国外丰富的环境冲突研究比较，我国环境冲突研究起步较晚，伴随 21 世纪初环境冲突事件的发生而逐步发展。在中国知网数据库中，以环境冲突为题的论文有 100 余篇。林巍等较早在国内关注环境冲突，对环境冲突进行了分析并探讨其应用，指出环境冲突是处理社会矛盾的一种新思路。他们以有害废物处理设施选址为例，对如何处理公共设施选址中的环境冲突进行了探讨。[⑦] 余伟京分析了环境冲突产生的宏观原因，包括工业社会的发展范式，环境行为参与权的剥夺和环境利益分配的不合理，代际层次、国际层次、国内层次、企业层次上存在的环境问题转嫁的可能性。[⑧] 张保伟从利益、价值与认知三维视域分析了环境

---

① H. Wittmer, F. Rauschmayer and B. Klauer, "How to Select Instruments for the Resolution of Environmental Conflicts?" *Land Use Policy*, Vol. 23, No. 1, 2006, pp. 1–9.

② H. Wittmer, F. Rauschmayer and B. Klauer," How to Select Instruments for the Resolution of Environmental Conflicts?" *Land Use Policy*, Vol. 23, No. 1, 2006, pp. 1–9.

③ Rosemary O'Leary and Lisa Bingham, *Promise and Performance of Environmental Conflict Resolution*, New York: RFF Press, 2003, p. 3.

④ N. S. Jarraud and A. Lordos, "Participatory Approaches to Environmental Conflict Resolution in Cyprus," *Conflict Resolution Quarterly*, Vol. 29, No. 3, 2012, pp. 261–281.

⑤ M. Willrich, "The Energy-Environment Conflict: Siting Electric Power Facilities," *Virginia Law Review*, 1974, Vol. 58, No. 2, pp. 257–336.

⑥ Tom Deligiannis, "The Evolution of Environment-Conflict Research: Toward a Livelihood Framework," *Global Environmental Politics*, Vol. 12, No. 1, 2012, pp. 78–100.

⑦ 林巍、刘春华、傅国伟：《环境冲突分析及其应用：公共设施选址问题的分析与处理》，《环境科学》1995 年第 6 期。

⑧ 余伟京：《论环境冲突的成因》，《西北农林科技大学学报》（社会科学版）2003 年第 5 期。

冲突的形成原因。[①] 严燕和刘祖云在风险社会治理范式下，将我国环境冲突的风险表现划分为现实风险和潜在风险。[②] 常健和李志行研究了韩国环境冲突的历史，指出韩国通过建立环境冲突管理体制，化解了环境冲突。[③] 在分析环境冲突发生的影响因素方面，国内的研究主要是定性分析，对环境冲突影响因素进行定量分析的研究相对较少，主要是以田志华和田艳芳为代表的相关研究。[④]

综合来看，现有的国内外环境冲突研究，为环境冲突风险研究奠定了一定的理论基础。但现有环境冲突研究并不能替代环境冲突风险研究。这是由环境冲突与环境冲突风险的内涵差异决定的。环境冲突是已经发生的环境冲突风险，环境冲突是环境冲突风险的外在现实表现形式，而环境冲突风险是环境冲突和矛盾发生的可能性。两者内涵上的差异，决定了环境冲突风险与环境冲突的发生机理和影响因素具有显著差异。仅仅运用环境冲突的影响因素来分析环境冲突风险的影响因素，是不全面的。比如，现有环境冲突研究主要从环境经济学、公共冲突等理论视角切入，从风险管理、安全科学等理论视角分析环境冲突和环境冲突风险的研究较少。因此，在现有环境冲突发生影响因素的基础上，构建环境冲突风险发生的影响因素，对于优化环境冲突风险研究具有基础性的理论意义。

（二）理论假设

环境冲突风险的形成是一个由技术性环境污染因素产生并逐步发展为社会公共冲突的过程。风险的社会放大理论认为，风险与风险事件

---

① 张保伟：《利益、价值与认知视域下的环境冲突及其伦理调适》，《中国人口·资源与环境》2013 年第 8 期。

② 严燕、刘祖云：《风险社会理论范式下中国"环境冲突"问题及其协同治理》，《南京师大学报》（社会科学版）2014 年第 3 期。

③ 常健、李志行：《韩国环境冲突的历史发展与冲突管理体制研究》，《南开学报》（哲学社会科学版）2016 年第 1 期。

④ 田志华、田艳芳：《环境冲突是经济发展的副产品吗？——基于 1998~2013 年中国省级面板数据的分析》，《财经研究》2017 年第 11 期。

经过信息源、信息渠道，与社会行为一起，形成风险的个体放大与社会放大。① 该理论为解释环境风险和群体性冲突提供了理论框架，② 是风险社会理论现有的最具综合性的研究工具。③ 对于环境冲突风险，风险的社会放大理论的优势是关注风险被社会放大的行为，但也忽视了社会中的风险弱化或缩减行为。事实上，风险的社会放大包含两个机制：关于风险或风险事件的信息机制、社会的反应机制。④ 从这两个机制看，风险在社会过程中不仅会被放大，在社会反应有效的条件下，也会被有效缩减。基于风险的社会放大理论，本文加入风险缩减因素，⑤ 构建了环境冲突风险的理论框架：风险源因素、风险的社会放大因素、风险的社会缩减因素（见图1），以此检验各因素对环境冲突风险的影响。

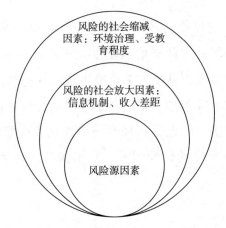

图1 基于风险的社会放大理论的环境冲突风险理论分析框架

---

① Roger E. Kasperson，"The Social Amplification of Risk：A Conceptual Framework," *Risk Analysis*，Vol. 8，No. 2，1988.

② 刘晓亮、张广利：《从环境风险到群体性事件：一种"风险的社会放大"现象解析》，《湖北社会科学》2013年第12期。

③ 宋宪萍、曹宇驰：《风险的社会放大框架：逻辑进路与趋向研判》，《甘肃社会科学》2022年第5期。

④ 伍麟、王磊：《风险缘何被放大？——国外"风险的社会放大"理论与实证研究新进展》，《学术交流》2013年第1期。

⑤ 国内有学者在研究风险的社会放大理论时，指出了理论包含的缩减因素，参见宋宪萍、曹宇驰《风险的社会放大框架：逻辑进路与趋向研判》，《甘肃社会科学》2022年第5期。

1. 风险源因素

技术层面和物理层面的环境污染风险是产生环境冲突风险的首要因素。在环境敏感性工程项目中，自身的固有风险属性是环境风险群体性事件的"燃烧物质"。[①] 如果一个地区存在环境污染风险，若发生污染，势必对居民赖以生存的土地、水、大气等自然环境造成破坏，影响当地居民的健康权、发展权，容易招致当地居民的反对，形成环境冲突风险。田志华和田艳芳采用人均工业"三废"排放量研究环境冲突与污染的相关关系，指出人均工业废水排放每增加 1%，环境信访人数增加 0.9%。[②]

理论假设 H1：地区人均环境污染物排放越多，环境污染越严重，引发环境冲突风险的可能性就越高，环境污染与环境冲突风险呈正相关关系。

2. 风险的社会放大因素

作为复杂的巨系统，环境系统与社会系统之间是相互作用、相互联系的。地区环境冲突风险的大小还受到其他社会风险的影响，环境冲突风险与其他社会风险具有紧密联系和耦合关系。区域总体社会风险水平的降低，有利于为降低环境冲突风险提供良好条件。反之，区域总体社会风险的提升，会助推环境冲突风险的提高。郝豫在分析风险型环境群体性突发事件致因时，也认为社会系统环境失衡（社会信任失范、社会心态失衡）是重要原因之一。[③] 在社会环境中，互联网时代的信息机制、社会收入差距，是影响环境冲突风险的两个重要因素。一方面，

① 郝豫：《环境敏感性重大工程社会安全风险机理分析及量化模型研究》，博士学位论文，中国地质大学，2018 年。

② 田志华、田艳芳：《环境污染与环境冲突——基于省际空间面板数据的研究》，《科学决策》2014 年第 6 期。

③ 郝豫：《环境敏感性重大工程社会安全风险机理分析及量化模型研究》，博士学位论文，中国地质大学，2018 年。

在互联网时代，大众传媒建构了环境风险话语。① 互联网越发达，环境冲突风险越容易在网上传播和扩散，环境冲突风险发生的可能性就越高。另一方面，地区收入差距越大，环境领域诱发冲突风险的可能性越高。

理论假设 H2：地区互联网越发达，风险的社会信息放大的可能性就越高，两者具有正相关关系，即存在风险的社会信息放大效应。

理论假设 H3：地区收入差距越大，环境冲突风险的社会放大可能性就越高，收入差距与环境冲突风险具有正相关关系，即存在环境冲突风险的社会收入放大效应。

3. 风险的社会缩减因素

风险的管理缩减因素。有效的环境管理是降低环境冲突风险的重要途径。有效的管理能够实现对环境冲突风险的有效防范和化解，让环境冲突事件不发生或少发生。反之，环境管理行为不当，容易助推环境冲突风险不断演变和升级，主要表现为在重大环境项目中，信息不公开、公众参与缺乏沟通、环境治理力度不够等。沈一兵以我国十起典型环境群体性事件为例，研究了环境风险演化为社会危机的机理，认为风险转化因子大致可分为自然转化因子和人为转化因子两种，操作失误的管理因素与自然因素一起，形成环境危机。②

理论假设 H4：政府对环境管理投入越多、环境管理力度越大，环境冲突风险发生的可能性就越低，环境管理与环境冲突风险呈负相关关系。

---

① 李艳红：《以社会理性消解科技理性：大众传媒如何建构环境风险话语》，《新闻与传播研究》2012 年第 3 期。

② 沈一兵：《从环境风险到社会危机的演化机理及其治理对策——以我国十起典型环境群体性事件为例》，《华东理工大学学报》（社会科学版）2015 年第 6 期。

风险的认知缩减因素。风险概念是客观性和主观性的统一。环境冲突风险也是客观性与主观性的统一。人是环境冲突风险的载体，因此，环境冲突风险的高低除客观因素外还取决于人的认知因素。郝豫在分析风险型环境群体性突发事件致因时，认为人的因素（公众风险感知差异）是重要致因之一。[1] 李小敏和胡象明在探究邻避冲突现象的原因时也指出，认知因素，尤其是公众风险认知与专家风险认知的差异，是导致邻避冲突现象的重要原因。[2] 还有学者分析了邻避冲突管理问题，指出公众参与对于冲突管理具有极为重要的作用。[3] 在邻避冲突风险中，存在环境项目被"污名化"的认知现象。如果个体的受教育程度和公众的科学素养越高，发生环境项目风险认知偏差的可能性就越低。

理论假设 H5：地区人口受教育程度越高，对环境冲突风险认知发生偏差的可能性就越低，受教育程度与环境冲突风险呈负相关关系。

三　数据与计量模型

（一）变量、测量指标及数据来源

本文采用 2003~2015 年[4]国家统计局与环境保护部公布的环境分省份统计面板数据，选取全国 31 个省、自治区和直辖市（台湾、香港、

---

[1] 郝豫：《环境敏感性重大工程社会安全风险机理分析及量化模型研究》，博士学位论文，中国地质大学，2018 年。

[2] 李小敏、胡象明：《邻避现象原因新析：风险认知与公众信任的视角》，《中国行政管理》2015 年第 3 期。

[3] Sun Linlin, Zhu Dajian and Edwin H. W. Chan, "Public Participation Impact on Environment NIM-BY Conflict and Environmental Conflict Management: Comparative Analysis in Shanghai and Hong Kong," *Land Use Policy*, No. 58, 2016.

[4] 由于信访分省份统计仅到 2015 年，所以面板数据截至 2015 年。数据通过 EPS（Easy Professional Superior）数据平台获取。

澳门除外）的数据进行分析，时间跨度为 13 年。

1. 因变量

环境冲突风险主要是指环境领域引发社会冲突甚至形成社会不稳定事件的可能性。为体现风险的事前特性，本文主要采用环境来信来访人数作为衡量环境冲突风险的指标。田艳芳在研究中也使用环境来信来访人数作为衡量环境冲突的指标。[①] 环境领域来信来访并非环境冲突、环境群体性事件，是居民对环境风险的公共表达，是发生环境冲突可能性的体现，在反映环境冲突风险中具有科学性，与环境冲突风险在内涵上具有很强的契合性。本文采用环境来信来访总量衡量环境冲突风险，用 Risk 表示。各变量指标与数据来源见表 1。

表 1　环境冲突风险的各种影响因素变量说明与数据来源

变量性质	变量名称及符号	指标	单位	数据来源
因变量（被解释变量）	环境冲突风险	环境来信来访总量（Risk）= 来访人数 + 来信总数	个	2003～2015 年国家统计局与环境保护部的环境分省统计。通过 EPS（Easy Professional Superior）数据平台获取
自变量（解释变量）	环境污染（Pollution）	污染物排放量 = 工业废水排放量 + 工业固体废物产生量 + 工业废气排放总量	万吨	2003～2015 年国家统计局与环境保护部的环境分省份统计。通过 EPS（Easy Professional Superior）数据平台获取
自变量（解释变量）	互联网发展（Internet）	互联网上网人数	万人	2003～2010 年数据为国家统计局运输邮电业相关指标统计，2011～2015 年数据为测算数据。通过 EPS（Easy Professional Superior）数据平台获取
自变量（解释变量）	收入差距（Inequality）	城乡居民收入比，农村居民为 1	倍	2003～2015 年数据为国家统计局农村社会经济调查司按当年城乡居民收入计算。通过 EPS（Easy Professional Superior）数据平台获取

---

① 田艳芳：《财政分权、政治晋升与环境冲突——基于省级空间面板数据的实证检验》，《华中科技大学学报》（社会科学版）2015 年第 4 期。

变量性质	变量名称及符号	指标	单位	数据来源
自变量（解释变量）	环境治理投入（Governance）	环境污染治理投资总额	亿元	2003～2015 年国家统计局与环境保护部的环境分省份统计。通过 EPS（Easy Professional Superior）数据平台获取
自变量（解释变量）	教育因素（Education）	大专以上的人数	万人	2003～2015 年国家统计局人口抽样调查数据。其中，由于数据缺失，所以 2010 年和 2015 年数据以前一年增长率为基数测算。通过 EPS（Easy Professional Superior）数据平台获取

注：互联网用户为拨号用户和专线用户的合计数，因为互联网上网统计人数指标到 2010 年截止。作者以 2010 年用户数增长比例为基数，测算出 2011～2012 年用户数；根据国家统计局 2013～2015 年发布的互联网宽带接入端口数，以 2010 年接入端口与用户数的比例为基数，测算出 2013～2015 年各省份的互联网用户数。

2. 自变量

（1）环境污染。现有多数环境研究的文献都采用工业"三废"排放量来衡量地区的环境污染程度，因此，本文也采用工业"三废"排放量来表征环境污染，用 Pollution 表示。

（2）互联网发展。祁玲玲等采用互联网上网人数研究环境信访与互联网普及程度的关系。[1] 本文采用互联网上网人数表征互联网发展，用 Internet 表示。

（3）收入差距。收入差距是形成社会矛盾和社会风险的重要因素，与环境污染等因素一起，对环境冲突风险产生影响。本文主要采用城乡居民收入比表征收入差距，用 Inequality 表示。

（4）环境治理投入。田志华和田艳芳在研究环境污染和环境冲突关系时采用环境污染治理投资总额衡量环境治理水平。[2] 本文也采用环

---

[1] 祁玲玲、孔卫拿、赵莹：《国家能力、公民组织与当代中国的环境信访——基于 2003～2010 年省际面板数据的实证分析》，《中国行政管理》2013 年第 7 期。

[2] 田志华、田艳芳：《环境污染与环境冲突——基于省际空间面板数据的研究》，《科学决策》2014 年第 6 期。

境污染治理投资总额表征环境治理投入，用 Governance 表示。

（5）教育因素。受教育程度影响人们对环境项目的科学认知。公众受教育程度越高，对环境认知的偏差越小，形成环境认知风险的可能性越低。国内测量地区受教育程度的方法有：每万人中大学生的比例、6 岁以上人口受教育年限、人均受教育年限等。本文采用大专以上的人数表征地区的教育因素，用 Education 表示。

（二）研究模型的建立

为了解决各影响因素变量单位不统一和取值大小不一可能带来的模型异方差问题，本文对各个变量进行对数化处理。根据风险的社会放大理论构建的分析框架，在借鉴田志华和田艳芳[①]、祁玲玲等[②]相关计量研究模型的基础上，设定如下计量模型：

$$\ln Risk_i = A + B_1 \times \ln Pollution + B_2 \times \ln Internet + B_3 \times \ln Inequality + B_4 \times$$
$$\ln Governance + B_5 \times \ln Education + C_i \qquad (1)$$

$\ln Risk_i$ 表示 31 个省份中的 i 省份的环境冲突风险量。$B_1 \sim B_5$ 为各个解释变量对环境冲突风险量的弹性系数，以 B_1 为例，当环境污染增加 1 个百分点时，环境冲突风险量将增加 B_1 个百分点。A 为常数项。C_i 为随机扰动项。

四　实证结果与分析

本文采用面板数据分析的方法，运用 STATA 软件进行描述性统计分析，得出的统计结果见表 2。

---

① 田志华、田艳芳：《环境污染与环境冲突——基于省际空间面板数据的研究》，《科学决策》2014 年第 6 期。
② 祁玲玲、孔卫拿、赵莹：《国家能力、公民组织与当代中国的环境信访——基于 2003 ~ 2010 年省际面板数据的实证分析》，《中国行政管理》2013 年第 7 期。

表 2　各变量的描述性统计分析

变量	观测值	平均值	标准差	最小值	最大值
环境冲突风险	403	15938.97	18202.65	52	121080
环境污染	403	95615.21	74710.13	632	322272
互联网发展	403	1565.94	1869.32	7	11607
收入差距	403	3.00	0.62	2	6
环境治理投入	403	164.63	174.10	0.2	1416
教育因素	403	4916.89	8382.52	20	66510

（一）数据检验

在计量模型分析前，本研究进行了计量模型的数据检验。第一，进行多重共线性检验。因为各变量 vif 值（vif 值为 1.71）远小于 10，所以排除解释变量之间由于存在精确相关关系或高度相关关系而使模型估计失真或难以估计准确的情况。第二，进行个体效应检验，确定采用混合效应模型还是固定效应模型。由于固定效应 F 统计量的概率为 0.0000，检验结果表明固定效应模型优于混合效应模型。第三，进行 LM 检验，确定采用混合效应模型还是随机效应模型。LM 检验得到的 p 值为 0.0000（Chi2 = 103.06），表明随机效应显著，因此随机效应模型优于混合效应模型。第四，进行 Hausman 检验，确定面板数据的固定效应与随机效应。为确定两种效应中哪一种的回归分析结果更准确，本研究对方程进行了 Hausman 检验。Hausman 检验结果表明，Chi2 = 29.11，p = 0.000，这说明研究采用固定效应模型分析更为准确，固舍弃随机效应模型（见表 3）。

表 3　混合效应、固定效应、随机效应模型的回归结果与检验

解释变量	混合效应模型	固定效应模型	随机效应模型
ln*Pollution*	0.867 *** (0.073)	0.774 *** (0.223)	0.972 *** (0.095)
ln*Internet*	−0.347 *** (0.076)	−0.351 *** (0.101)	−0.429 *** (0.084)

续表

解释变量	混合效应模型	固定效应模型	随机效应模型
ln*Inequality*	−0.683 **	1.290 *	−0.265
	(0.310)	(0.731)	(0.446)
ln*Governance*	−0.031	−0.006	−0.001
	(0.095)	(0.118)	(0.107)
ln*Education*	0.280 ***	0.146 **	0.190 ***
	(0.060)	(0.064)	(0.060)
C	0.867	0.290	0.972
	(0.673)	(2.416)	(1.023)
Obs	403	403	403
F	94.36	18.50	215.29
LM 检验	Chi2 = 103.06，p = 0.0000		
Hausman 检验	Chi2 = 29.11，p = 0.0000		

注：表中回归系数下方括号中为回归系数的标准误差；***、**、*分别表示回归系数在1%、5%和10%的显著性水平下统计显著。

（二）整体计量结果

第一，作为风险源，环境污染与环境冲突风险具有显著的正相关关系，假设 H1 成立。经过固定效应、混合效应、随机效应三种类型方程的回归分析，环境污染与环境冲突风险都有显著的正相关关系。这些回归分析的显著性水平都在1%以内，显著性水平非常高。结论印证了环境污染与环境冲突风险关系的常识性判断。根据固定效应模型的分析，环境污染每增加1个百分点，环境冲突风险就会相应提高约 0.77 个百分点。从散点图来看，各地区环境污染与环境冲突风险具有线性的拟合关系（见图2）。

第二，作为理论假设的风险的社会放大因素，互联网发展与环境冲突风险具有显著的负相关关系，假设 H2 不成立。经过固定效应、混合效应、随机效应三种类型方程的回归分析，互联网发展与环境冲突风险都有显著负相关关系。这些回归分析的显著性水平都在1%以内，显著性水平非常高。该结论与风险的社会放大理论认为的信息机

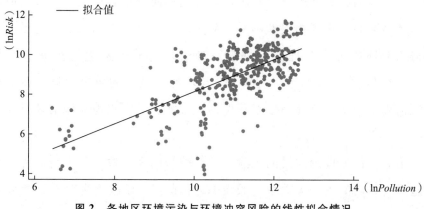

图 2　各地区环境污染与环境冲突风险的线性拟合情况

制会放大风险的结论相反。从环境冲突事件个案看，互联网的发展放大了环境事件的环境冲突风险；但从区域社会整体风险看，互联网的发展却有助于消解环境冲突风险。可能的解释是：从公众环境诉求角度看，地区互联网的发展，进一步拓宽和畅通了社会风险的沟通和表达机制，对环境冲突风险产生了"分流效应"。祁玲玲等的研究也证明了该观点。[①]

第三，作为理论假设的风险的社会放大因素，收入差距与环境冲突风险具有显著的正相关关系，假设 H3 不成立。经过固定效应回归分析，收入差距与环境冲突风险有较高的正相关关系。两者回归分析的显著性水平在 10% 以内，显著性水平较高。收入差距每增加 1 个百分点，环境冲突风险就会相应提高 1.29 个百分点。分地区来看，相比于东部地区和中部地区，西部地区的收入差距因素与环境冲突风险的相关性更高。

第四，作为理论假设的风险的社会缩减因素，环境治理投入因素与环境冲突风险相关性不显著，假设 H4 有待进一步验证。经过固定效应、混合效应、随机效应三种类型方程的回归分析，环境治理投入与环

---

① 祁玲玲、孔卫拿、赵莹：《国家能力、公民组织与当代中国的环境信访——基于 2003 ~ 2010 年省际面板数据的实证分析》，《中国行政管理》2013 年第 7 期。

境冲突风险的相关性不显著。固定效应模型回归结果显示，环境治理投入与环境冲突风险的相关性不高，显著性水平也不高。该结果与田志华等得出的环境污染治理支出并没有减少环境冲突发生的实证结论契合。[①] 仅仅依靠环境治理投入来降低环境冲突风险的效果不佳。在生态环境治理过程中，要提高生态环保治理效能，必须改善环保治理投入的效果。

第五，作为理论假设的风险的社会缩减因素，教育因素与环境冲突风险具有显著的正相关关系，假设H5不成立。经过固定效应、混合效应、随机效应三种类型方程的回归分析，教育因素与环境冲突风险都有正相关关系。这些回归分析的显著性水平都在5%以内，显著性水平较高。根据固定效应模型的分析，大专以上人数每增加1个百分点，环境冲突风险就会相应提高约0.15个百分点。可能的解释是：来信来访具有表达环境诉求的功能，随着个体和区域受教育水平的提高，其对优质生态环境的需求必然提高，对环境污染和生态破坏的可接受程度也会相应降低，因此，环境诉求会相应增加。

（三）对回归结果的稳健性检验

为检验回归结果的稳健性，本研究首先仅选取环境污染（Pollution）作为初始解释变量，进行方程（1）的回归分析，然后按照先后顺序逐步加入其他解释变量，最后形成完整的方程（1）~（5）的回归结果。根据方程（1）~（5）的回归结果，可以看出：第一，环境污染与环境冲突风险具有显著的正相关关系、互联网发展与环境冲突风险具有显著的负相关关系的结论都是具有稳健性的，多个方程的回归结果都印证了结论；第二，通过调换变量位置，将收入差距变量调整到第一个解释变量的位置，进行回归，依然得到同方程（5）结果完全相同

---

① 田志华、田艳芳：《环境冲突是经济发展的副产品吗？——基于1998-2013年中国省级面板数据的分析》，《财经研究》2017年第11期。

的结论，说明结论是稳健的（见表4）。

表4　方程（1）~（5）固定效应模型回归结果

变量	方程（1）	方程（2）	方程（3）	方程（4）	方程（5）
ln$Pollution$	-0.128 (0.209)	0.868*** (0.218)	0.822*** (0.221)	0.820*** (0.100)	0.774*** (0.223)
ln$Internet$		-0.448*** (0.049)	-0.389*** (0.069)	-0.393*** (0.709)	-0.351*** (0.101)
ln$Inequality$			0.845 (0.703)	0.850 (0.119)	1.290* (0.731)
ln$Governance$				0.006 (2.359)	-0.006 (0.118)
ln$Education$					0.146** (0.064)
C	10.400*** (2.301)	2.399 (2.255)	1.608 (2.347)	1.619 (0.223)	0.290 (2.416)
Obs	403	403	403	403	403
F	0.37 ($p=0.5409$)	42.45 ($p=0.0000$)	28.82 ($p=0.000$)	21.56 ($p=0.000$)	18.50 ($p=0.000$)

注：表中回归系数下方括号中为回归系数的标准误差；***、**、*分别表示回归系数在1%、5%和10%的显著性水平下统计显著。

五　主要结论与政策启示

（一）研究结论

基于风险的社会放大理论，本研究构建了环境冲突风险分析模型，通过对2003~2015年31个省份动态面板数据的分析，较为系统地考察了各种因素对环境冲突风险的影响。研究发现：第一，作为风险源，环境污染与环境冲突风险具有显著的正相关关系。第二，作为风险的社会放大的信息载体，互联网发展与环境冲突风险不具有正相关关系。宏观层面的互联网发展并不具有环境风险的社会放大效应。互联网的发展畅通了环境信息的传播渠道，对信息闭塞导致的环境冲突具有消解功能。① 第三，作为风险的社会放大因素，收入差距因素与环境冲突风险具有显著的正相关关系。第四，作为风险的社会缩减因素，环境治理投入因素与环境冲突风险的相关性不显著。第五，作为风险的社会缩减因素，教育因素与环境冲突风险具有显著的正相关关系。

（二）政策启示

基于上述实证研究结论，要实现对环境冲突风险的有效防范、化解和治理，应坚持协同治理的总体路径，强化技术控制、体制改革、社会防控多措并举、协同发力。

1. 加强污染防控是实现环境冲突风险有效防范、化解和治理的根本路径

由于环境污染与环境冲突风险具有显著的正相关关系，从源头上防范、化解和治理环境冲突风险需要着力防控环境污染。首先，健全环境污染防控的责任机制。全面加强河长制、湖长制等制度建设，明确各类环境污染防控的责任主体和责任内容。加大对环境污染的问责机制建构，通过离任审计制度、环境公益诉讼制度等方式，强化领导干部的自然资源资产管理和生态环境保护责任。其次，运用"互联网+"、大数据、云计算、人工智能等现代技术手段，加强对环境的监测和预警，将环境污染消除在萌芽之中。对于重大环境类行政决策、重大环境项目，建立完善的社会风险评估制度，评估和管理可能产生的社会风险。再次，提高环保执法效力。推进省级以下环保机构监测监察执法垂直管理制度改革，实现环保执法队伍与属地脱钩，避免环保执法机构受到属地的制度性影响和干预。建立多部门联动的执法机制，与检察院、法院等有关部门形成环保执法合力，消除环保领域的"抗法"现象。最后，在工作上，坚决打好污染防治攻坚战，优化环境整治的效果。

---

① 李凯林、李全喜：《环境冲突中的原因分析：资源、利益与信息》，《北京航空航天大学学报》（社会科学版）2021 年第 3 期。

2. 推进生态环境领域体制机制改革，提高环境治理绩效

环境治理投入与环境冲突风险的相关性尚不显著，这在一定程度上说明，环境治理投入对于防范、化解和治理环境冲突风险的效用尚未发挥出来，环境治理绩效仍需提高。首先，对环保治理投入进行全面绩效管理，强化结果和绩效导向。按照《中共中央国务院关于全面实施预算绩效管理的意见》，对环保有关预算实施绩效管理，强化资金和投入的绩效考核，提升政府环保投入的治理绩效。其次，转变观念，在加大环保资金投入的同时，要建立健全多渠道的资金投入机制。比如要积极运用 BOT 模式、PPP 模式、建立专项环保基金、绿色金融等方式，将社会投资吸纳到环保治理中。最后，加大环境治理中的社会参与力度，构建多元协同的环境治理格局。有关实证研究表明，公众参与过程会显著影响环境治理满意度，在强化政府监管的同时，要保障公众参与的实现。[1] 仅依靠政府进行环境治理难以实现治理效果最大化。由于重大项目的环境影响评价面临公众参与度低的现状，环境风险容易转变为社会风险。[2] 坚持和发展新时代枫桥经验，[3] 吸纳社会公众的有效参与，改善环境治理绩效。

3. 重视收入差距问题，消解环境冲突风险的诱发因素

由于收入差距与环境冲突风险具有较为显著的正相关关系，防范、化解和治理环境冲突风险需要强化社会整体风险的防范、化解和治理。首先，建立广泛覆盖的社会保障体系，构建防范、化解社会风险的"安全网"。这是防范和化解社会风险的基础性工作，具有兜底性的风险防治功能。其次，要不断培育扩大中等收入群体，形成能够抵抗和防

---

① 陈卫东、杨若愚：《政府监管、公众参与和环境治理满意度——基于 CGSS 2015 数据的实证研究》，《软科学》2018 年第 11 期。

② 朱德米、平辉艳：《环境风险转变社会风险的演化机制及其应对》，《南京社会科学》2013 年第 7 期。

③ 20 世纪 60 年代初，浙江省诸暨市枫桥镇干部群众创造了"发动和依靠群众，坚持矛盾不上交，就地解决，实现捕人少，治安好"的"枫桥经验"。发动和依靠群众，吸纳社会公众的参与，为环境冲突风险治理提供了有效的启示。

范社会风险的"橄榄型"社会收入结构，避免出现"哑铃型"社会收入结构。再次，实施机会均等、起点公平的社会政策，打破由等级、身份造成的社会垄断，畅通社会流动渠道。复次，健全相关税收制度，消除税收政策在调节收入差距上的失灵现象，发挥其收入分配"调节器"的作用。最后，按照中央扎实推进共同富裕的要求，在共同富裕社会建设中，缩小收入差距，消解催生环境冲突风险的土壤和条件。

物质供给、社会资本对公众参与环境治理意愿的影响路径[*]

物质供给、社会资本对公众参与环境治理意愿的影响路径[*]

王晓楠　张永芬[**]

摘　要：本文基于社会实践、社会资本和环境心理学理论，构建了公众参与环境治理意愿的影响路径。本文采用 CGSS 2021数据，分析了物质供给、社会资本、环境关心对公众参与环境治理意愿的影响机制，探究了公众参与环境治理的双重行动逻辑，提出推动公众参与环境治理的有效路径。结构方程结果显示，物质供给路径中的环境政策知晓度和社区环境状况改善，以及社会资本路径中的社会互动不仅对公众参与环境治理意愿有显著驱动效应，而且通过环境关心对公众参与环境治理意愿产生间接驱动效应。社会信任对环境治理的参与意愿仅有直接正向效应。因此，本文提出物质赋权、文化赋能的公众环境治理参与双重培育路径：一方面，积极宣传普及环境政策，拓展宣传渠道，提升社区环境质量，构建完善的物质供给体系；另一方面，增进社会信任，营造良好的人际互助和互惠的社会规范，有助于培育公众参与环境治理的内在驱动力。以上发现为构建多元主体参与的环境治理体系、推动地方政府提升环境治理能力提供了参考。

关键词：环境治理　公众参与　物质供给　社会资本　环境关心

---

* 本研究是国家社会科学基金一般项目"城市居民绿色生活方式转型的社会机制研究"（项目号：22BSH037）、息壤学者支持计划项目"多元主体推动社区生活垃圾治理转型的路径及行动策略研究"（项目号：XR2023-07）的阶段性成果。

** 王晓楠，上海开放大学公共管理学院教授，研究方向为环境社会学；张永芬，上海开放大学经济管理学院副教授，研究方向为绿色经济及供应链管理。

一 引言

随着城市化的进程加速，由环境污染所引发的各种问题不断引起政府和公众的关注。公众参与环境治理，成为近年来我国政府治理环境问题的重要举措。党的十九届四中全会提出"建设人人有责、人人尽责、人人享有的社会治理共同体"，党的二十大报告强调"健全共建共治共享的社会治理制度，提升社会治理效能"，凸显"公众参与"在构建环境治理体系中的重要作用。2020 年，中共中央办公厅、国务院办公厅颁布《关于构建现代环境治理体系的指导意见》，明确"公众参与"在多元主体共同参与的现代环境治理体系中的重要意义。生态环境部等五部门颁布《公民生态环境行为规范十条》，[①] 积极推动公众践行绿色低碳行为。公众参与治理是政府、社会、社区和社团等多元主体互动共治的实践基础和重要方式。[②③] 充分、有效动员和调动公民的积极参与，构建公众参与环境治理的有效机制，形成多元主体协同的环境治理体系是未来城市环境治理的必然举措。

中国政府出台各类政策，不断完善环境治理体系，提升环境治理水平和能力，引导公众参与环境治理，但《公民生态环境行为调查报告（2022）》显示，我国公众虽然普遍具有较强的环境行为意愿，在"呵护自然生态""关注生态环境""分类投放垃圾"等方面表现较好，但在"践行绿色消费""参加环保实践""参与监督举报"方面表现一般。[④] 因此，如何激发公众自觉、自愿参与环境治理成为一项

---

① 《公民生态环境行为规范十条》，中华人民共和国生态环境部，2023 年 6 月 5 日，https://www.mee.gov.cn/xxgk2018/xxgk/xxgk01/202306/W020230605340933724690.pdf。

② 王琰：《经济增长逻辑下的个体环保不作为——一个综合的研究框架》，《南京工业大学学报》（社会科学版）2023 年第 2 期。

③ 褚松燕：《环境治理中的公众参与：特点、机理与引导》，《行政管理改革》2022 年第 6 期。

④ 《〈公民生态环境行为调查报告（2022）〉发布》，生态环境部环境与经济政策研究中心，2023 年 6 月 29 日，http://www.prcee.org/zyhd/202306/t20230629_1034892.html。

重要议题。本研究旨在探究公众参与环境治理的行动逻辑和发生机制，进而提出有效的培育路径，为推动我国政府提升环境治理能力提供参考。

国内外学者们从不同的学科视角对公众环境行为展开大量研究，对环境行为进行多种分类方法，如私人领域环保行为、公共领域激进环保行为和公共领域非激进环保行为，[①] 国内学者较为认同公域和私域环境行为，[②] 本文的公共参与环境治理属于公共领域环境行为。环境心理学关注个体如何在理性认知框架下，通过提升环境认知、亲环境态度等促进环保行为产生。行为经济学从制度设计的视角分析环保行为的内在、外在影响机制。环境社会学强调社会系统和结构因素对公众环境行为的影响。国内外学者对公众参与环境治理的影响因素做了大量的前期研究，提供了丰富的研究基础和经验证据。环境行为、环境治理参与的影响因素主要包括以下四个方面：第一，微观层面的人口结构因素，如收入、年龄、婚姻状况、职业、受教育程度、党员身份等因素；[③] 第二，微观层面的社会心理因素，如环境关心、环境认知、环境态度等因素；[④] 第三，中观维度的社会结构、情境因素等，如环境污染状况、经济发展程度、政治参与、政府信任、社会资本等；[⑤] 第四，宏观政策因

①　P. C. Stern, "New Environmental Theories: Toward a Coherent Theory of Environmentally Significant Behavior," *Journal of Social Issues*, No. 3, 2000, pp. 407-424.

②　彭远春：《城市居民环境行为的结构制约》，《社会学评论》2013年第4期。

③　彭远春：《城市居民环境行为的结构制约》，《社会学评论》2013年第4期；C. L. B. Digby, "The Influences of Socio-demographic Factors, and Non-formal and Informal Learning Participation on Adult Environmental Behaviors," *International Electronic Journal of Environmental Education*, No. 1, 2013；王晓楠：《公众环境治理参与行为的多层分析》，《北京理工大学学报》（社会科学版）2018年第5期；王玉君、韩冬临：《经济发展、环境污染与公众环保行为——基于中国CGSS 2013数据的多层分析》，《中国人民大学学报》2016年第2期。

④　包智明、颜其松：《环境关心对环境行为的驱动机制研究——基于云南省少数民族地区综合社会调查数据》，《西北师大学报》（社会科学版）2022年第5期；郭进、徐盈之：《公众参与环境治理的逻辑、路径与效应》，《资源科学》2020年第7期；董新宇、王媛：《公众参与环境治理之意愿研究——以舆论动力学为视角》，《知与行》2016年第6期。

⑤　张萍、晋英杰：《我国城乡居民的环境友好行为及其综合影响机制分析——基于2013年中国综合社会调查数据》，《社会建设》2015年第4期；杜雯翠、万沁原：《社会资本对公众亲环境行为的影响研究——来自CGSS 2013的经验证据》，《软科学》2022年第11期；袁亚运：《我国居民环境行为及影响因素研究——基于CGSS 2013数据》，《干旱区资源与环境》2016年第4期。

素，如政策约束、政府信息公开等因素。①

综上，已有文献对公众参与环境治理的影响因素做了大量前期研究，成果丰富，但缺乏从物质供给和社会资本整合的视角分析公众参与环境治理的影响机制。本研究基于环境社会学的理论视角，试图整合物质供给、社会资本相关因素，基于 2021 年中国综合社会调查（CGSS）数据，探究公众参与环境治理意愿的双重影响路径和深层行动逻辑。本研究有以下几点创新：首先，在理论上，整合社会实践论和社会资本理论，拓展了心理学视角下公众参与环境治理的影响路径研究；其次，在方法上，本研究采用结构方程模型，不仅验证了公众参与环境治理意愿的双重影响路径，而且探究了社会信任与社会互动对公众参与环境治理的差异性解释机制；最后，在实践层面，揭示物质供给、社会资本、环境关心和环境治理参与意愿之间的逻辑关系，为有效激发公众参与环境治理、构建多元主体参与的环境治理体系、推动地方政府提升环境治理能力提供参考。

二 理论基础与研究假设

（一）理论基础

1. 物质供给维度

社会实践论在环境社会学和消费社会学等领域有较强的理论解释力。社会实践论将个体环保实践与提供支撑的社会系统联结起来，行动者基于已有的规则和资源决定是否选择环保的生活方式，从而实现经济、生态、文化和社会资本优化配置。社会实践论包括三个要素：物质（materials）、意义（meanings）和技能（competences）。我国学者卢春

---

① 唐林、罗小锋、张俊飚：《环境规制如何影响农户村域环境治理参与意愿》，《华中科技大学学报》（社会科学版）2020年第2期；罗开艳、田启波：《政府环境信息公开与居民环境治理参与意愿》，《现代经济探讨》2020年第7期。

天、范叶超将社会实践论应用到环境社会学分析。[①] 在社会结构层面，社会实践论强调"物质供给系统"。[②] 物质供给系统是指满足日常生活需要的基础设施及相应的使用规则，包括交通系统、食品系统、能源系统、房屋系统等，政府、市场和社会共同搭建起来的供给系统决定了个体参与环境治理的行动。[③] 行动者嵌入物质供给系统中，后者提供硬件和技术支持的物质要素、满足个人和社会功能要求的程序要素、社会成员共享的意义要素。[④]

朱迪提出物质供给和文化习俗构建绿色消费的"双重结构"理论框架，并认为宏观环境与消费结构的关系要在实践中理解，物质供给和文化习俗构成不同维度的宏观结构。[⑤] 物质供给通过满足需求、引导需求来影响消费，作用机制涵盖丰富性、可及性、可行性和引领性四个维度。[②] 在现实生活实践中，公众的环境绿色出行行动往往不取决于个体环境意识，而是取决于公共交通的便利度，也就是制度层面的供给为个体参与环境治理提供物质保障，制度和物质供给成为公众参与环境治理的外在动机。环境社会学者认为真实主义和建构主义都不否认环境问题的物理属性，生态现代化理论认为通过技术改造和制度调试可以改变公众的环境参与行为。[⑥] 本文认同生态现代化理论和社会实践范式中提出的物质供给的可及性与环境问题的客观性能够改变公众的认知

① 卢春天：《社会实践论的观念之维》，《南京工业大学学报》（社会科学版）2021 年第 4 期；范叶超：《社会实践论：欧洲可持续消费研究的一个新范式》，《国外社会科学》2017 年第 1 期。

② G. Spaargaren and B. Van Vliet, "Lifestyles, Consumption and the Environment：The Ecological Modernization of Domestic Consumption," *Environmental Politics*, Vol. 9, No. 1, 2000, pp. 50-76.

③ 王琰：《经济增长逻辑下的个体环保不作为——一个综合的研究框架》，《南京工业大学学报》（社会科学版）2023 年第 2 期。

④ T. Kurz, B. Gardner and B. Verplanken et al., "Habitual Behaviors or Patterns of Practice? Explaining and Changing Repetitive Climate-relevant Actions," *Wiley Interdisciplinary Reviews：Climate Change*, Vol. 6, No. 1, 2014, pp. 113-128.

⑤ 朱迪：《"宏观结构"的隐身与重塑：一个消费分析框架》，《中国社会科学》2023 年第 3 期。

⑥ 肖晨阳、陈涛：《西方环境社会学的主要理论——以环境问题社会成因的解释为中心》，《社会学评论》2020 年第 1 期。

和行动，比如物质供给体现为公众对政府环境政策的知晓度，环境问题的客观性体现为环境问题的改善。

2. 社会资本维度

社会资本是含义宽泛的学术概念，形成了多种社会资本理论框架。① 自1980年以来，学者们从不同视角对社会资本的概念、维度和测量进行了分析，主要代表包括布尔迪厄（关系网络视角）、科尔曼（社会结构视角）、帕特南（社会组织视角），以及林南（网络资源视角）等。② 社会资本分为集体社会资本和个体社会资本两种理论取向。集体社会资本是以群体社会网络、社会信任和互惠规范等为形式的社会资本。③ 布尔迪厄指出社会资本是嵌入社会关系中，以信任为基础，以互惠规范为内容，以社会网络为载体的一种特殊资源。④ 本研究依据帕特南和布尔迪厄提出的社会资本的理论框架，关注集体社会资本，考量社会信任和互惠规范两个核心要素。

"互惠规范"是社会网络成员交往互动中发生交换行为所遵守的准则。⑤ 已有研究发现社会互动是居民主观交往需求和客观结构性条件相互作用的产物，进而形成社会网络和互惠规范。⑥ 本研究认为社会互动在一定空间和情境下可以展现社会网络和互惠规范的程度，因此，将其作为社会资本理论取向的观测变量。

从物质供给维度上，本研究提出物质供给是指代环境政策保障体系和社区环境基础保障，其更多表现为客观的要素。从社会资本维度

---

① 边燕杰：《城市居民社会资本的来源及作用：网络观点与调查发现》，《中国社会科学》2004年第3期。

② 王晓楠：《社会资本、雾霾风险感知与公众应对行为》，《中国地质大学学报》（社会科学版）2020年第6期。

③ N. Lin, "Building a Network Theory of Social Capital," *Connections*, Vol. 22, No. 1, 1999, pp. 28–51.

④ 布尔迪厄：《文化资本与社会炼金术：布尔迪厄访谈录》，包亚明译，上海：上海人民出版社，1997年。

⑤ 颜廷武、何可、张俊飚：《社会资本对农民环保投资意愿的影响分析——来自湖北农村农业废弃物资源化的实证研究》，《中国人口·资源与环境》2016年第1期。

⑥ 方亚琴、夏建中：《社区治理中的社会资本培育》，《中国社会科学》2019年第7期。

上，本研究中的社会资本是指集体社会资本，由社会信任和社会互动指代，表现为主观群体性。本研究尝试在宏观物质供给和社会资本的共同作用下，探索公众参与环境治理的行动逻辑。根据社会实践论，物质供给和社会资本两个维度之间存在相互作用，物质供给为社会信任和社会互动水平的提升提供有力保障，而社会信任和社会互动水平提升也可以完善物质供给。宏观的物质供给和中观的社会资本促进公众参与环境治理，同时，引导公众参与环境治理也会提高物质供给的水平和能力，如提升环境信息公开水平和社区环境质量，可以营造良好的社会氛围并提升社会资本，如增进公众信任和沟通，促进社会融合。

（二）研究假设

1. 环境关心与公众参与环境治理意愿

环境关心的内涵呈现为狭义与广义。[①] 狭义的环境关心是指民众意识到环境问题以及支持解决环境问题的态度和程度，并且为解决这类问题而做出贡献的意愿。[②] 在此基础上，目前广泛使用的环境关心测量工具是 Dunlap 和 Jones 编写的新生态范式（NEP）量表。在国际社会调查（如 ISSP）和中国社会调查（如 CGSS、CSS）等历年调查中，环境关心都成为重要指标。洪大用、肖晨阳通过对 CGSS 2003 首次引入 2000 年版的 NEP 量表进行评估，发现删除量表第 4 项和第 14 项后，量表的信度水平和内部一致性有显著改善。[③] 广义的环境关心是相对于狭义的环境关心而言的，学者们拓展了环境议题认知、环境政策支持、经

---

① 卢春天、卫子昊：《我国青年环境关心的变迁演替——基于 CGSS 2003—2021 的数据分析》，《中国青年研究》2023 年第 6 期。

② R. E. Dunlap and R. E. Jones, "Environmental Concern: Conceptual and Measurement Issues," *Handbook of Environmental Sociology*, Vol. 3, No. 6, 2002, pp. 482-524.

③ 洪大用：《环境关心的测量：NEP 量表在中国的应用评估》，《社会》2006 年第 5 期；肖晨阳、洪大用：《环境关心量表（NEP）在中国应用的再分析》，《社会科学辑刊》2007 年第 1 期。

济生态权衡、日常环保行为等作为环境关心的维度，以此来更为全面地测量公众的环境关心。① 但由于广义的环境关心还没有形成普适性的测量模型，本文采用狭义的环境关心概念。

以往研究表明，工业化的推进，产业结构的变革，以及由此导致的环境问题可以激发公众的环境关心。环境关心不仅随着个体的社会、经济特征而变化，而且和个体所在城市的环境污染程度相关，比如工业烟尘排放量越大，个体的环境关心程度就越高。② 卢春天、洪大用应用 CGSS 2003 数据，指出公众环境关心水平越高，公众对政府环境治理的评价越差，两者呈现负相关。③ 公众环境关心水平的提高，会影响公众的环境态度和行为。根据以上论述，本研究提出以下假设：

　　H1：公众环境关心水平越高，公众参与环境治理的意愿越强。

2. 物质供给路径

（1）环境政策知晓度

社会实践论认为物质供给维度包括政府、市场和社会不同主体的共同参与。中国环境治理体系是以政府为主导的，政府作为环境政策的制定者和执行者，其制定、颁布和执行的环境政策直接影响公众参与环境治理的行为。环境政策可划分为行政政策和经济政策两类，行政政策约束行为主体的行为，具有约束性；而经济政策具有激励性，比如环境政策与农户环境行为呈现倒 U 形关系。④ 大量研究证明了参与环境治理的多方主体都基于环境信息进行思考、决策和行动，政策信息公开有利

①　卢春天、卫子昊：《我国青年环境关心的变迁演替——基于 CGSS 2003—2021 的数据分析》，《中国青年研究》2023 年第 6 期。

②　洪大用、卢春天：《公众环境关心的多层分析——基于中国 CGSS 2003 的数据应用》，《社会学研究》2011 年第 6 期。

③　卢春天、洪大用：《公众评价政府环保工作的影响因素模型探索》，《社会科学研究》2015 年第 2 期。

④　唐林、罗小锋、张俊飚：《环境政策与农户环境行为：行政约束抑或是经济激励——基于鄂、赣、浙三省农户调研数据的考察》，《中国人口·资源与环境》2021 年第 6 期。

于公众参与环境治理决策，减少违反法律的环保行为的发生。[①] 因此，本文认为环境政策知晓度虽然具有主观性，但在一定程度上反映了居民对客观环境规制的接受和认同程度。

研究发现环境规制能够促进公众环境治理参与意愿提高，并通过环境认知间接影响公众参与环境治理。[②] 政府环境信息公开通过增强公众环境认知进而推动公众参与环境治理。[③] 以雾霾为例，中国气象局和生态环境部不仅发布雾霾指数，披露环境监测数据，而且宣传防护措施，增强公众环境意识，保障人民生命健康，鼓励公众参与环境治理行为。近年来，我国政府积极推进垃圾分类，在社区、商铺、办公楼等场所广泛开展垃圾分类宣传，提高垃圾分类政策在公众中的知晓度，提升公众环境意识，培育公众垃圾分类行为。[④] 因此，本研究认为环境政策知晓度的提升有助于提高公众的环境关心水平，进而促进公众参与环境治理。根据以上论述，本研究提出以下假设：

H2：环境政策知晓度越高，公众参与环境治理的意愿越强；

H3：环境政策知晓度通过提升环境关心水平，从而提升公众参与环境治理的意愿。

（2）社区环境状况改善

宏观物质供给包括公共供给和市场供给，社区环境状况改善体现

① 罗开艳、田启波：《政府环境信息公开与居民环境治理参与意愿》，《现代经济探讨》2020年第 7 期。
② 唐林、罗小锋、张俊飚：《环境规制如何影响农户村域环境治理参与意愿》，《华中科技大学学报》（社会科学版）2020 年第 2 期。
③ 罗开艳、田启波：《政府环境信息公开与居民环境治理参与意愿》，《现代经济探讨》2020年第 7 期。
④ C. Wan, G. Q. Shen and A. Yu, "The Role of Perceived Effectiveness of Policy Measures in Predicting Recycling Behaviour in Hong Kong," *Resources, Conservation and Recycling*, Vol. 83, No. 83, 2014, pp. 141-151.

了物质供给的丰富性、可及性。① 社区作为居民生活的重要场域，其环境状况对居民生活产生最直接的影响，长期居住的居民会对所居住的社区产生亲密感和归属感。已有研究发现居民承担社区垃圾分类的设计者、组织者和监督者等角色，社区环境、社区服务和社区设施等因素构成了影响社区层面居民参与垃圾分类行为和态度的最大情境因素。丁志华等研究发现，舒适宜人的社区环境可以改善居民的环境态度进而促进垃圾分类投放。② De Young 通过对美英两国居民的垃圾回收行为的研究指出，社区垃圾回收的设施是否具备、布置是否合理等对居民垃圾回收环保行为的实施有显著的影响。③ 通常来说，人均收入、房产价值和绿化率高的社区往往会提供较为便利的垃圾回收条件，这类社区的居民对废旧报纸、铝制品和玻璃容器的回收行为均高于其他社区持有同等环境态度的居民；④ 社区在设施和服务上提供的垃圾分类便捷条件可以有效减少居民的时间和精力投入，促使居民产生更加积极的环境态度，进而在强化垃圾分类行为上起到重要的作用。⑤ 根据以上论述，本研究提出以下假设：

　　H4：社区环境状况改善程度越高，公众参与环境治理的意愿越强；

　　H5：社区环境状况改善能通过提升环境关心水平，从而提升

---

① 朱迪：《"宏观结构"的隐身与重塑：一个消费分析框架》，《中国社会科学》2023年第3期。

② 丁志华、姜艳玲、王亚维：《社区环境对居民绿色消费行为意愿的影响研究》，《中国矿业大学学报》（社会科学版）2021年第6期。

③ R. De Young, "Recycling as Appropriate Behavior: A Review of Survey Data from Selected Recycling Education Programs in Michigan," *Resources, Conservation and Recycling*, Vol. 3, No. 4, 1990, pp. 253-266.

④ J. A. McCarty and L. J. Shrum, "The Influence of Individualism, Collectivism, and Locus of Control on Environmental Beliefs and Behavior," *Journal of Public Policy & Marketing*, Vol. 20, No. 1, 2001, pp. 93-104.

⑤ P. Tucker and D. Speirs, "Attitudes and Behavioural Change in Household Waste Management Behaviours," *Journal of Environmental Planning and Management*, Vol. 46, No. 2, 2003, pp. 289-307.

公众参与环境治理的意愿。

3. 社会资本路径

（1）社会信任

社会信任是指在社会交往中，人们对他人或组织具有的信任感，每个人都期待其他人基于共同价值观采取合作行为。[①] Tsang 等研究发现社会信任可以积极促进公众的亲环境行为。[②] Irwin 等发现社会信任对公众参与环境治理的影响是间接的。[③] 龚文娟和杨康研究了社会信任对农村居民环境参与行为的影响，发现农村居民对乡贤能人的信任与对制度的信任对其环境参与行为具有正向影响。[④] 李秋成和周玲强研究发现人际信任与环保行为意愿具有较强相关性。[⑤] 公众在维护个人利益和集体利益之间进行权衡，做出有利于集体利益的决策，往往更加关心生态环境问题。[⑥] 如果公众的社会信任水平较高，那么会认为其他人也会采取相同的行为，因而其采取亲环境行为的意愿就更强。[⑦] 社会信任可以作为期待其他人也实施亲环境行为的衡量指标。[⑧] 龚梦玲和刘月平研究

① K. Irwin and N. Berigan, "Trust, Culture, and Cooperation: A Social Dilemma Analysis of Pro-environmental Behaviors," *The Sociological Quarterly*, Vol. 54, No. 3, 2013, pp. 424-449.

② S. Tsang, M. Burnett and P. Hills et al., "Trust, Public Participation and Environmental Governance in Hong Kong," *Environmental Policy and Governance*, Vol. 19, No. 2, 2009, pp. 99-114.

③ K. Irwin, K. Edwards and J. A. Tamburello, "Gender, Trust and Cooperation in Environmental Social Dilemmas," *Social Science Research*, No. 50, 2015, pp. 328-342.

④ 龚文娟、杨康：《社会信任与农村居民环境参与行为——兼议社区归属感的中介效应》，《环境社会学》2022 年第 2 期。

⑤ 李秋成、周玲强：《社会资本对旅游者环境友好行为意愿的影响》，《旅游学刊》2014 年第 9 期。

⑥ C. Aitken, R. Chapman and J. McClure, "Climate Change, Powerlessness and the Commons Dilemma: Assessing New Zealanders' Preparedness to Act," *Global Environmental Change*, Vol. 21, No. 2, 2011, pp. 752-760.

⑦ D. Balliet and P. A. M. Van Lange, "Trust, Conflict, and Cooperation: A Meta-analysis," *Psychological Bulletin*, Vol. 139, No. 5, 2013, pp. 1090-1112.

⑧ 崔亚飞、曹宁宁：《公众环境意向与亲环境行为：社会信任的调节效应研究》，《地域研究与开发》2021 年第 4 期。

发现社会信任正向影响环境关心，并可以增强环保意愿的自发性。[1] 本研究认为社会信任可以有效提升公众环境关心水平，提高其环境治理的参与意愿。本研究提出以下假设：

H6：社会信任水平越高，公众参与环境治理的意愿越强；

H7：社会信任通过提升公众环境关心水平，从而提高其参与环境治理的意愿。

（2）社会互动

社会互动是指个体在与他人的互动中习得社会规则，个体的思想、价值观、偏好、行为等会受到他人的影响，同时，自己的行为、思想也会影响到他人，从而形成个体之间的相互影响、相互作用。[2] 社会互动论认为个体在社交网络的决策行为会受到群体成员的影响，[3] 这对个体环保行为的影响主要体现在：一是通过个人与他人之间的交流互动，环保信息得以分享，[4] 公众之间的社会互动程度越高，环保信息的传播就越快，公众的亲环境行为就越强；二是个体在与他人共同话题的讨论中，所感受到的愉悦感有助于个体决策向集体决策转变，并且社会互动使个体积极参与社会事件，并能为他们提供情感和社会支持，在提高个体责任感的同时加强主体意识培养，增强个体的亲环境行为。[5] 社会互动可以促进社会网络和社会规范的形成，相互交流、影响有助于提升环

---

① 龚梦玲、刘月平：《社会资本对居民环境关心的影响路径和作用机制——基于 CSS 2013 数据分析》，《老区建设》2020 年第 14 期。

② N. Steven and Durlauf et al. , "Social Interactions," *Annual Review of Economics*, No. 2, 2010, pp. 451–478.

③ 贾亚娟、张新奇、胡江波：《消费者快递包装分类回收行为研究——基于心理认知、社会互动的双重视角》，《干旱区资源与环境》2023 年第 6 期。

④ B. Hannibal and A. Vedilitz, "Social Capital, Knowledgeand the Environment: The Effect of Interpersonal Communication on Climate Change Knowledge and Policy Preferences," *Sociological Spectrum*, Vol. 38, No. 4, 2018, pp. 277–293.

⑤ 杜雯翠、万沁原：《社会资本对公众亲环境行为的影响研究——来自 CGSS 2013 的经验证据》，《软科学》2022 年第 11 期。

境认知水平，提高公众参与环境治理的意愿。基于此，本研究提出以下假设：

H8：社会互动水平越高，公众参与环境治理的意愿越强；

H9：社会互动通过提升环境关心水平，从而提高公众参与环境治理的意愿。

基于以上研究假设，本研究构建了如图 1 所示的研究模型。

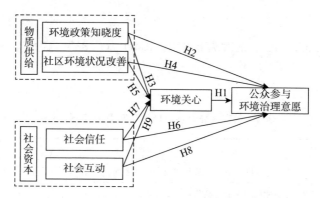

图 1　公众参与环境治理意愿双重影响路径模型

三　数据与变量

（一）数据来源

本研究数据来自 2021 年中国综合社会调查（CGSS 2021）。该调查由中国人民大学调查与数据中心负责执行，是中国最早的全国性、综合性、连续性的大型学术调查。自 2003 年以来，已进行了 15 次年度调查，CGSS 2021 是第 14 次年度调查，采用多阶分层 PPS 随机抽样。调查对象为 18 岁以上公众，样本覆盖全国 28 个省、直辖市，125 个区县，500 个街道与乡镇，有效样本 8148 份。CGSS 2021 调查分为核心模块和主题模块，[①] 本研究数据主要集中在国际社会调查项目（ISSP）环境模块，数据在删除缺失和无效样本后，最终样本量为 2140 份。

（二）变量及其操作化

1. 因变量

因变量是公众参与环境治理意愿，是指个体在日常生活中主动采取的有助于环境状况改善与环境质量提升的行为意愿。基于 CGSS 2021，公众参与环境治理意愿的测量指标见表 1，包括 6 个题项，选项为："非常愿意""比较愿意""不一定""不太愿意""非常不愿意"，分别赋值 5~1，Cronbach's α 系数为 0.832，KMO 为 0.833，说明量表信度、效度良好。

表 1　因变量公众参与环境治理意愿问题设计

变量	测量题项
公众参与环境治理意愿	1. 经常对家庭生活产生的垃圾进行分类投放，回收再利用家庭生活物品
	2. 回收再利用家庭生活物品
	3. 愿意同其他居民一起讨论垃圾分类计划
	4. 愿意作为志愿者定期参与维护环境整洁的公益劳动
	5. 如果政府增加税收能够专门用于解决城市垃圾处理问题，我愿意接受合理增税
	6. 如果有机会，主动与政府、环保组织、专家、垃圾处理方等相关部门交涉垃圾处理问题

2. 相关变量

相关变量的测量及描述分析如表 2 所示。本研究的中介变量是环境关心，采用 CGSS 2021 问卷中的新生态范式（NEP）量表进行测量。

---

① 关于中国综合社会调查（CGSS）2021 年度调查的核心模块和主题模块内容，已询问所有的调查对象，附加的东亚社会调查（EASS）的健康模块，国际社会调查项目（ISSP）的健康模块、国际社会调查项目（ISSP）的环境模块各随机抽取 1/3 的调查对象回答，参见《中国综合社会调查（CGSS）2021 年度调查数据公开发布》，2023 年 4 月 4 日，http://nsrc.ruc.edu.cn/xwygg/xwdt/146d63ccc86f4f979e4bb749fb84762c.htm。

NEP 量表包括了人类与环境关系的 15 个题项，量表中的第 1、3、5、7、9、11、13、15 项是正向题目，第 8、10 项为反向题目，反向题目重新赋值，选项为："非常同意""比较同意""说不清/不确定""不太同意""很不同意"，分别赋值 5~1，量表的 Cronbach's α 系数为 0.684，KMO 为 0.842，说明量表信度、效度良好。对 15 个题项的赋值进行相加取均值处理后，作为环境关心变量。

表 2　相关变量测量及描述性分析

	变量	赋值	样本量	均值	标准误
控制变量	性别	1＝男性，0＝女性	8148	0.45	0.50
	年龄	（18~94 岁）	8148	50.64	17.55
	居住地	1＝城镇，0＝农村	8055	1.60	0.49
	婚姻状况	1＝有配偶，0＝无配偶	8148	0.74	0.44
	党员身份	1＝党员，0＝非党员	8148	0.12	0.32
	受教育程度	小学及以下＝1，初中＝2，高中＝3，专科＝4，大学本科＝5，研究生及以上＝6	8127	2.41	1.38
	年收入	年收入（取对数）	7334	8.07	3.69
物质供给	环境政策知晓度	"很了解""了解较多""了解一些""不了解"，分别赋值 4~1	2694	1.27	0.37
	社区环境状况改善	"没有改善""改善了一些""不清楚/说不好""改善较多""有很大改善"，分别赋值 1~5	2710	2.70	1.26
社会资本	社会信任	"非常同意""比较同意""不好说""比较不同意""非常不同意"，分别赋值 5~1	8079	3.64	1.00
	社会互动	"每天""一周数次""一月数次""一年数次或更少""从不"，分别赋值 5~1	8117	2.16	0.76
中介变量	环境关心	"非常同意""比较同意""说不清/不确定""不太同意""很不同意"，分别赋值 5~1	2722	3.57	0.95
因变量	环境治理公众参与意愿	"非常愿意""比较愿意""不一定""不太愿意""非常不愿意"，分别赋值 5~1	2448	3.82	0.74

3. 自变量

（1）环境政策知晓度

环境政策知晓度指公众对环境相关政策的了解程度。CGSS 2021 问卷中的题目测量了受访者对环境政策的了解程度，包括 13 个题项：生态文明、生态补偿、生态保护红线、生态文明体制改革、国家生态文明试验区、生态文明建设目标评价考核、国土主体功能区、循环经济、环保督察巡视、大气污染防治行动计划、土壤污染防治行动计划、环境保护公众参与办法、党政领导干部生态环境损害责任追究，选项为"很了解""了解较多""了解一些""不了解"，分别赋值 4~1，量表的 Cronbach's α 系数为 0.934，KMO 为 0.953，说明量表信度、效度良好，对 13 项题目的赋值进行相加取均值处理后，作为环境政策知晓度变量。

（2）社区环境状况改善

社区环境状况改善用于测量受访者对所居住社区环境状况的评价。在 CGSS 2021 问卷中的题目是"总体来看，您认为您居住地区的环境质量相比 5 年前的情况是？"选项为"有很大改善""改善较多""不清楚/说不好""改善了一些""没有改善"，分别赋值 5~1。

（3）社会信任

社会信任的测量题目为："总的来说，您同不同意在这个社会上，绝大多数人都是可以信任的？"受访者越是表示同意，说明社会信任度越高。选项按照"非常同意""比较同意""不好说""比较不同意""非常不同意"分别赋值 5~1。

（4）社会互动

社会互动在 CGSS 2021 问卷中的测量题目为"过去一年，您在空闲时间从事以下活动的频率"，包含 12 个题项，通过主成分分析，提取 4 个因子，将"与不在一起的亲戚聚会""与朋友聚会"两个题项提取一个因子，命名为"社会互动"，KMO 值为 0.818，$p < 0.001$，选项为"每天""一周数次""一月数次""一年数次或更少""从不"，分别赋值 5~1，因子题项赋值进行加总取均值处理后，作为社会互动变量。

四　分析与结果

（一）线性回归检验

为检验研究假设，本研究采用回归分析法进行分析（见表3），其中模型1中包含控制变量：性别、年龄、居住地、婚姻状况、党员身份、受教育程度和年收入（对数）；模型2中加入物质供给和社会资本维度变量：环境政策知晓度、社区环境状况改善、社会信任、社会互动；模型3加入中介变量环境关心。

表3　公众环境治理参与意愿的多元线性回归（OLS）系数

	变量	模型1	模型2	模型3
控制变量	性别 a	0.045 (0.033)	0.024 (0.032)	0.029 (0.031)
	年龄	-0.034 (0.001)	-0.046 (0.001)	-0.062 (0.001)
	居住地 b	-0.014 (0.038)	-0.018 (0.037)	-0.024 (0.035)
	婚姻状况 c	0.062* (0.037)	0.057* (0.037)	0.038* (0.035)
	党员身份 d	0.111*** (0.051)	0.075* (0.051)	0.055* (0.048)
	受教育程度	0.034 (0.017)	-0.006 (0.017)	-0.010 (0.016)
	年收入（对数）	-0.008 (0.004)	-0.007 (0.004)	-0.001 (0.004)
物质供给	环境政策知晓度		0.138*** (0.047)	0.080* (0.045)
	社区环境状况改善		0.120*** (0.013)	0.086*** (0.014)
社会资本	社会信任		0.098*** (0.017)	0.074** (0.016)
	社会互动		0.009** (0.023)	0.004* (0.022)

续表

	变量	模型1	模型2	模型3
中介变量	环境关心			0.317*** (0.017)
	常数项	3.756*** (0.128)	3.058*** (0.161)	2.489*** (0.157)
	N	2140	2080	2076
	R^2	0.024	0.070	0.162
	F	7.543***	14.152***	33.307***

注：非标准回归系数，括号内为标准误差；参照组：a. 女性，b. 农村，c. 无配偶，d. 非党员；* $p<0.05$，** $p<0.01$，*** $p<0.001$。

从模型1可以看出，婚姻状况和党员身份的标准化回归系数达到了统计上的显著水平，表明已婚的人和党员的环境治理参与意愿较强。从模型2可以看出，环境政策知晓度、社区环境状况改善、社会信任和社会互动的标准化回归系数分别为0.138、0.120、0.098、0.009，具有显著正向效应。假设H2、H4、H6、H8基本得到证实。

从模型3可以看出，虽然假设H1得到验证，即环境关心对环境治理参与意愿有显著正向影响，但加入环境关心后，环境政策知晓度、社区环境状况改善、社会信任和社会互动的显著性明显降低，分别为0.080、0.086、0.074、0.004，这表明环境政策知晓度、社区环境状况改善、社会信任和社会互动可能通过环境关心而影响环境治理参与意愿。本研究通过结构方程来检验这一推测。

（二）结构方程模型检验

根据已有文献，绝对拟合检验（CMIN）置信度 $p>0.05$，比较拟合指数CFI>0.9，塔克-刘易斯指数（TLI）>0.9，近似均方根误差（RMSEA）<0.05，1<卡方值/自由度（χ^2/df）<3时，模型可以接受。[①] 从表4

---

① 郭志刚：《社会统计分析方法》，北京：中国人民大学出版社，1999年；侯杰泰、温忠麟、成子娟：《结构方程模型及其应用》，北京：教育科学出版社，2004年；刘军、富萍萍：《结构方程模型应用陷阱分析》，《数理统计与管理》2007年第2期。

可以看出，在对样本 1 进行修正之前，假设模型的拟合指数（CMIN = 192.943，CFI = 0.753，TLI = 0.383，RMSEA = 0.102，χ^2/df = 13.381）均未达到标准，模型不能接受，因此对模型进行修正。模型的修正需要参考结构方程分析软件输出的模型修正指数和残差矩阵，对模型中受限制的参数进行修正。根据侯杰泰等指出的 MI 最大或者较大的参数需要修订，[①] 假设模型中社会信任的残差相关的 MI = 21.521，即社会信任对环境关心的影响存在较大差异，因此修正模型中忽略社会信任对环境关心的影响。如表 4 所示，样本 1 的修正结果显示，模型的拟合指数（CMIN = 4.276，CFI = 0.996，TLI = 0.979，RMSEA = 0.019，χ^2/df = 1.425）达到标准，表明修正模型为拟合度较好的模型。

表 4　模型的修正与检验

参数估计	可容许范围	样本 1		样本 2
		修正前	修正后	
绝对拟合检验（CMIN）	> 0.05	192.943	4.276	4.163
比较拟合指数（CFI）	>0.90	0.753	0.996	0.997
塔克-刘易斯指数（TLI）	>0.90	0.383	0.979	0.985
近似均方根误差（RMSEA）	<0.05	0.102	0.019	0.018
卡方值/自由（χ^2/df）	$1<\chi^2/df<3$	13.381	1.425	1.388
样本量（N）		21	24	24
自由度（df）		6	3	3

（三）修正后模型拟合检验

修正后模型需要进行拟合检验，本研究对有效样本进行随机拆分，样本 1 用于拟合修正，样本 2 用于拟合检验（见表4）。

采用样本 2 对样本 1 的修正模型进行检验，结果显示，模型通过绝对拟合检验（CMIN = 4.163，CFI = 0.997，TLI = 0.985，RMSEA = 0.018，

---

① 侯杰泰、温忠麟、成子娟：《结构方程模型及其应用》，北京：教育科学出版社，2004 年。

$\chi^2/df = 1.388$），比较拟合指数、塔克－刘易斯指数和近似均方根误差均达到拟合检验标准。这表明样本 2 能较好地验证样本 1 的修正模型，因此可以接受样本 1 的修正模型。根据样本 1 修正模型的拟合结果，本研究确定了公众参与环境治理意愿的双重路径结构方程模型（见图 2）。

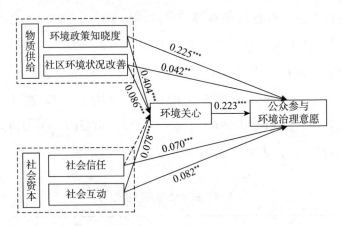

图 2　公众参与环境治理意愿的双重路径结构方程模型

说明：因为变量测量单位不同，图 2 展示的是分析变量的标准路径系数及统计显著性水平（残差未显示）。

从图 2 可以看出，在物质供给路径中，环境政策知晓度和社区环境状况改善对环境治理参与意愿有直接和间接效应，对环境关心的路径系数分别为 0.404 和 0.086（$p < 0.001$），对公众参与环境治理意愿的路径系数分别为 0.225（$p < 0.001$）和 0.042（$p < 0.01$），表明公众环境政策知晓度高、公众居住社区环境状况改善不仅能够提高公众参与环境治理的意愿，而且通过提升环境关心水平，提高公众参与环境治理的意愿。

在社会资本路径中，社会互动对环境关心的路径系数为 0.078（$p < 0.001$），对公众参与环境治理意愿的路径系数为 0.082（$p < 0.01$），表明社会互动增强，不仅能提高公众参与环境治理的意愿，而且能通过提升公众环境关心水平，提高公众的环境治理参与意愿；社会信任对环境治理参与意愿仅存在直接效应，不存在中介效应，对公众参与环境治理

意愿的路径系数为 0.070（$p<0.001$），表明社会信任度越高，公众的环境治理参与意愿越强。

五 总结与讨论

本研究基于 CGSS 2021 数据，从社会实践论和社会资本视角，构建了公众参与环境治理意愿的双重影响路径，并进行了验证，研究结论如下。

首先，以往研究关注社会人口特征变量对公众参与环境治理的影响。本研究发现，性别、年龄、居住地、婚姻状况、党员身份、受教育程度和收入等变量中，除了婚姻状况和党员身份，其他变量的影响都不显著。洪大用和肖晨阳发现性别本身并不对环境关心产生直接影响。[1]本研究发现，性别对公众参与环境治理意愿的影响并不显著，婚姻状况对公众参与环境治理意愿的影响较为显著。已婚公众更愿意参与环境治理，表明家庭在环境关心在环境治理中不断发挥引领作用。党员具有较强的环境治理参与意愿，表明党员在环境治理中起到了先锋模范的带头作用。

其次，在物质供给路径中，环境政策知晓度和社区环境状况改善不仅对公众参与环境治理意愿有直接的正向影响，还通过环境关心提高公众参与环境治理的意愿。朱迪[2]、王琰[3]的研究发现，物质供给对环境行为有显著的影响。本研究通过实证研究进一步阐释了公众参与环境治理意愿的物质供给路径。一方面，公众对环境政策的了解和熟悉程度的提升，不仅可以激发公众参与环境治理的热情，而且提升了公众的环境关心水平、强化了公众的环境责任意识，进一步提高了公众的环境

① 洪大用、肖晨阳：《环境关心的性别差异分析》，《社会学研究》2007 年第 2 期。

② 朱迪：《"宏观结构"的隐身与重塑：一个消费分析框架》，《中国社会科学》2023 年第 3 期。

③ 王琰：《经济增长逻辑下的个体环保不作为——一个综合的研究框架》，《南京工业大学学报》（社会科学版）2023 年第 2 期。

治理参与意愿；另一方面，社区环境状况的改善不仅可以直接激发公众参与环境治理，而且可以通过提高公众环境关心水平，提高公众的环境治理参与意愿。社区软硬件设施配备齐全、设施现代化程度高、居住环境整洁，不仅能给居民生活带来便利，而且能够提升居民的环境满意度、环境认同感，进而提高居民的幸福感，激发公众参与环境治理行动。

最后，在社会资本路径中，已有研究虽然验证了社会信任、社会规范和社会网络对环境关心与环境治理的影响，[①] 但是缺少社会信任和社会互动如何提升公众参与环境治理意愿的研究。本研究发现在社会资本路径中，社会互动能够提升公众参与环境治理的意愿，即与同学、亲人、同事、朋友等关于环保价值观和环境保护行为的交流分享，有利于构建和谐的人际关系，提升公众的环境关心水平和公众参与环境治理的积极性。社会信任与社会互动存在一定差异，社会信任可以增强环保意愿的自发性，社会互动可以增强环保的互惠性。[②]

基于以上研究结论，本研究提出物质赋权、文化赋能、内力驱动的公众环境治理参与培育路径。

首先，物质赋权培育路径。环境治理需要多元主体参与。一方面，地方政府不仅要完善环境治理的监管制度，而且需要健全监督机制，如听证会制度，为公众参与环境治理提供制度保障。制度保障的基础是提升公众对环境政策的知晓度，要拓展宣传渠道，普及环境政策，构建政策的信息平台，打通信息壁垒，建立公众参与环境监督的激励机制。另一方面，地方政府要改善公众的生活环境质量，完善物质供给体系，进而提升公众自愿、自发、自觉参与环境治理的责任意识和内在驱动力。

其次，文化赋能培育路径。社会信任可以增强公众参与环境治理的

---

① 龚梦玲、刘月平：《社会资本对居民环境关心的影响路径和作用机制——基于CSS2013数据分析》，《老区建设》2020年第14期。

② 崔亚飞、曹宁宁：《公众环境意向与亲环境行为：社会信任的调节效应研究》，《地域研究与开发》2021年第4期。

自发性。文化赋能可以通过营造良好的社会氛围，增进公众互助、互惠，扩大社会网络规模，激励人们遵守社会规范，进而促进公众自愿、自觉参与环境治理。

最后，内力驱动培育路径。本研究构建了公众参与环境治理的双重影响路径，其中环境关心的重要作用是不可忽视的。在公众参与环境治理的培育路径中，不能忽视公众环境意识的转变。因此，在物质赋权、文化赋能双管齐下的同时，更需要加强环境意识的培育，需要不断引导，有效沟通，构建多元主体参与的共建共治共享的环境治理体系。

技术赋能驱动环境治理模式创新研究[*]

——基于 A 市"环境医院"的实践探索

高新宇 杨芷菁[**]

摘　要：日益复杂化和动态化的环境问题呼唤环境治理模式创新。技术赋能环境治理已然成为提升环境治理能力和效率的新路径。本研究通过对 A 市"环境医院"的实践考察，展示了地方政府和环保企业如何通过技术这一"桥梁"实现协同治理。研究发现，"环境医院"以数据驱动、双向赋权和信息共享为核心逻辑，实现了环境数据资源集成与融合、人财物的利用与整合以及环境全过程闭环监测与管理。然而其发展潜藏了以技术刚性、数据安全和数据依赖性为主的技术隐忧，同时还面临财政可持续性、网络效应建立和监管框架缺失等现实瓶颈。

关键词：技术赋能　智慧环境治理　"环境医院"　环境治理模式

一　研究背景与问题提出

中国式现代化的核心要义之一是人与自然和谐共生。生态环境治理体系和治理能力作为国家治理体系和治理能力现代化的重要组成部

---

[*]　本研究为国家社科基金青年项目"地方政府智慧型环境治理的驱动机制与优化路径研究"（项目号：20CSH077）的阶段性研究成果。

[**]　高新宇，安徽财经大学财政与公共管理学院副教授，研究方向为环境社会学等；杨芷菁，安徽财经大学财政与公共管理学院硕士研究生，研究方向为环境社会学等。

分，推动党和国家积极探索环境治理模式与机制创新。党的十九大报告提出了"共抓大保护""构建政府为主导、企业为主体、社会组织和公众共同参与的环境治理体系"等指导思想，突出强调了共建共治共享理念。2020 年，中共中央办公厅、国务院办公厅印发的《关于构建现代环境治理体系的指导意见》①明确了环境治理参与主体的权责，提出了创新环境治理模式，探索统一规划、统一监测、统一治理的一体化服务模式，进一步明确了改革目标，生态环境保护迎来"智理"新时代。

创新是社会发展的动力，是提高政府环境保护工作效率和环境治理水平的有效手段。"十四五"规划纲要提出"以数字化转型整体驱动生产方式、生活方式和治理方式变革"。②从"功利型环境治理"到"管制型环境治理"再到"合作型环境治理"，治理模式必须与社会发展需要相协调。③与传统授权赋能相比，技术赋能是指组织或系统通过使用大数据、互联网等现代信息技术手段，获得工作能力和效率的有效提升。对于政府而言，则是依靠"赋能"优势实现治理模式由传统向智慧的转变，其强调的是治理目标通过技术实现加法。④技术赋能驱动环境治理就是应对治理主体、治理内容、治理周期快速变化的适应性进化，保持了双向递进关系。

随着新一代信息技术不断发展，以 5G 网络、数据中心、人工智能、物联网等为代表的新技术不断推进，城市环境基础建设投入不断加

---

① 《（受权发布）中共中央办公厅　国务院办公厅印发〈关于构建现代环境治理体系的指导意见〉》，求是网，2020 年 3 月 3 日，http://www.qstheory.cn/yaowen/2020-03/03/c_1125 658197.htm。

② 《中华人民共和国国民经济和社会发展第十四个五年规划和 2035 年远景目标纲要》，中华人民共和国中央人民政府网，2021 年 3 月 13 日，https://www.gov.cn/xinwen/2021-03/13/ content_5592681.htm#:~:text=%E4%B8%AD%E5%8D%8E%E4%BA%BA%E6%B0% 91%E5%85%B1%E5%92%8C%E5%9B%BD%E5%9B%BD，%E5%85%B1%E5%90%8C% E7%9A%84%E8%A1%8C%E5%8A%A8%E7%BA%B2%E9%A2%86%E3%80%82

③ 郝就笑、孙瑜晨：《走向智慧型治理：环境治理模式的变迁研究》，《南京工业大学学报》（社会科学版）2019 年第 5 期。

④ 关婷、薛澜、赵静：《技术赋能的治理创新：基于中国环境领域的实践案例》，《中国行政管理》2019 年第 4 期。

大，环境监测、环境治理、环境执法、环境管理各领域加速信息共享和数据整合，智慧化环境治理模式的加快构建为进一步精细化、系统化治理环境创造了巨大潜能。在国家治理理念转变及中央顶层设计的推动下，目前各级地方政府已经先后进行了不同模式的探索和实践，也证明通过健全环境规制和创新生态理念能够实现生态的增益。[①]

然而受经济发展水平、发展导向、地理环境等各种因素的限制，具体治理实践呈现差异性。部分地方政府对技术赋能不得要领，"碎片化""建设重复""无效使用""为数字化而非为转型"等现象成为共性问题。因此，需要在具体实践过程中，查漏补缺、取长补短，逐步探索可复制、可推广、可借鉴的环境治理新模式。基于此，我们通过对 A 市"环境医院"的调研跟踪，展示技术赋能下环境治理如何实现全流程、一体化的精细治理，为地方政府构建科学完善的环境治理体系提供一定的模式借鉴和参考。

二 文献综述：技术发展与智慧环境治理

英国政治学家帕特里克·敦利威（Patrick Dunleavy）等在 20 世纪末结合对"新公共管理"日渐式微的考察以及信息技术的发展，提出治理进入"数字时代"这一论断。[②] 数字技术作为信息社会的核心动能，能够提升物质和信息的统筹管理效能，实现社会的可持续发展。以信息技术多元、开放和共享为主要特点的运行理念深刻改变了人们的社会生活，形成了一系列解构与重构社会的新机制，产生了仍在变化与还未定型的社会运行原则。在此背景下，如何实现技术发展和社会治理的良性互动，将技术和治理优势转变为行动效能，既是对治理主体的挑

---

① 陈阿江、罗亚娟：《机会结构与环境污染风险企业迁移——一个环境社会学的分析框架》，《社会学研究》2022 年第 4 期。

② P. Dunleavy, H. Margetts and S. Bastow et al., "New Public Management is Dead: Long Live Digital-Era Governance," *Journal of Public Administration Research and Theory*, Vol. 16, No. 3, 2006, pp. 467-494.

战，也是学界关注的焦点。现有研究主要围绕以下方面展开。一是技术发展对于政府治理模式的影响。中国的环境治理具有鲜明的政府主导型特征。[①] 技术的深入应用催生了新型的组织关系，这种转变能够强化部门协同，提升治理绩效。[②] 技术削弱了传统的"命令—控制"体系，取而代之的是层级渐弱的"扁平化"的组织结构。[③] 例如"互联网+政务"以及"区块链+治理"等模式在打造服务一体化的基础上，实现了政府沟通能力的提升和组织间的信息共享与整合。[④] 这种一体化构造的整体性治理模式能够克服条块分割性，构建无缝管理过程。[⑤] 此外，数据的集成、算力及算法的加持所形成的技术势能，能够促进政府决策的生成和管理由"善"向"智"转变。二是技术发展之于社会治理的影响。技术的发展促进了以公民为中心、以沟通为关键的多元治理模式的形成。[⑥] 例如通过社区管理平台实现流程再造和技术融合，向社区和居民"赋权"，完善多方参与机制，加快社区空间由传统"粗放"治理向新时代"精细"治理的转变。[⑦] 同时，技术推动了个体和组织跨越地域、空间、边界进行有效连接，打破了原本获取信息的壁垒。[⑧]

可见，通过运用先进的科技手段，包括但不限于人工智能、大数据分析、物联网、云计算、区块链、虚拟现实等，能够赋予个体、组织或社会更高的能力和更丰富的资源，解决问题、提高治理效能、优化资源

① 荀丽丽、包智明：《政府动员型环境政策及其地方实践——关于内蒙古 S 旗生态移民的社会学分析》，《中国社会科学》2007 年第 5 期。

② 郭少青：《智慧化环境治理体系的内涵与构建路径探析》，《山东大学学报》（哲学社会科学版）2020 年第 1 期。

③ 张乾友：《组织理论视野中的虚拟政府》，《学海》2015 年第 2 期。

④ Radaphat C. and Steven J., "Extending Virtual Organizations in the Public Sector: Lessons from CSCW, STS, and Organization Science," *Hawaii: Proceedings of the 43rd Hawaii International Conference on System Sciences*, 2010.

⑤ 韩兆柱、杨洋：《整体性治理理论研究及应用》，《教学与研究》2013 年第 6 期。

⑥ M. E. Milakovich, *Digital Governance: New Technologies for Improving Public Service Participation*, New York: Routledge, 2012.

⑦ 高立伟：《党建引领下的基层治理智能化精细化研究》，《人民论坛·学术前沿》2019 年第 21 期。

⑧ P. J. Mol. Arthur, *Environmental Reform in the Information Age: Contours of Informational Governance*, Cambridge University Press, 2008.

配置、增强社会参与、促进治理模式的创新。那么，技术发展何以有效驱动环境治理？

技术发展改变了环境治理主体之间的互动关系和治理结构，智慧环境治理应运而生。作为生态智慧重要表征的智慧环境治理能够保持经济发展与生态保护、私人经济利益和环境公共利益之间的张力平衡。[①] 它将信息技术与现代社会环境治理相结合，以提高环境治理水平、推动多元主体协同环境共治、构建整体性环境治理为目标，展现了明显和强大的优势。它不仅是有效弥补传统环境治理模式发生失灵的重要途径，而且能对社会发展需求做出实质性回应。智慧环境治理通过收集海量数据信息，实施数字管理，在大数据的应用过程中贯彻"精、准、细、全、严"的原则，[②] 解决了当前环境资源数据庞杂的问题，使环境治理主体的组织效率、业务水平和整体能力均有所提升。[③] 采用智慧化手段，一方面能够改变以人工监测和管控为主的环境治理模式，另一方面为全面实现智慧治理提供良好的技术基础和社会基础。[④] 智慧环境治理能够倒逼政府尝试管理创新，借助技术精准掌握社会需求，实现数据整合与共享，及时回应社会诉求，提高自身环境治理水平。[⑤] 此外，个体通过网络社会这一虚拟的公共场域进行实时互动与交流，因此，环境治理主体由政府单一主体逐步过渡为一个由政府、非政府组织、公众个体等构成的行动者系统，具有广泛性与包容性。[⑥] 随着大数据技术在政策制定和环境治理中的普及，政府间合作不断深化，制造企业更加

---

① 余敏江：《智慧环境治理：一个理论分析框架》，《经济社会体制比较》2020 年第 3 期。

② 夏莉、江易华：《地方政府环境治理的双重境遇——基于大数据视角》，《湖北工业大学学报》2016 年第 3 期。

③ 方印、高赟、张海荣：《中国环境资源法治大数据应用问题探究》，《郑州大学学报》（哲学社会科学版）2018 年第 1 期。

④ 周博雅、徐若然、徐晓林、胡辉：《智慧环保在城市环境治理中的应用研究》，《电子政务》2018 年第 2 期。

⑤ 陈潭：《大数据驱动社会治理的创新转向》，《行政论坛》2016 年第 6 期。

⑥ 罗思洁：《利用大数据进行"环境智理"》，《人民论坛》2018 年第 23 期。

积极地参与治理。① 此种制度理性和技术理性的结合，推动了环境治理模式向"智慧型"环境治理的路径变迁，② 使技术赋能环境治理具有现实可行性。然而，环境治理主体的传统思维误区、供给缺口、融合不足及面临诸多风险等现实阻碍，影响了环境治理现代化整体效能的提升。③同时技术本身就具有风险，错误使用或将导致技术泛滥与技术犯罪，数字壁垒、数据泄露、算力及算法能力差异等都会加剧社会不公平现象。

已有研究为我们展示了技术发展和智慧环境治理的基本路径和图景，但这一领域在具体实践应用层面仍具有较大的理论探索空间。技术赋能作为实现环境治理创新的重要抓手，通过增权、赋能使技术工具与新时代生态文明建设结合，需要逐步实现治理结构、治理工具、治理模式的转变。地方政府在这一过程中探索了各具特色的实践模式，从理论层面来看，也需要用"多样本"回应"大环境"。因此，本文以技术赋能驱动环境治理创新为出发点，回溯 A 市"环境医院"在治理实践中是如何构建、适应并解决环境问题的，为技术赋能驱动环境治理模式创新提供经验和启示。

三　理论基础与分析框架

"赋能"这一概念最早出现在 20 世纪 80 年代，源自心理学对个人正面精神力量的研究。"赋能"强调通过改变言行、态度和环境，让其他个人或组织获得正面的精神支持和内在动力。它是"赋权"理论的延伸，都对应英文"empowerment"一词，后被广泛应用于各个领域，以推动组织和社会的发展。

---

① W. Sun, Y. Hou and L. Guo, "Big Data Revealed Relationship Between Air Pollution and Manufacturing Industry in China," *Natural Hazards*, Vol. 107, No. 3, 2021, pp. 2533-2553.

② 郝就笑、孙瑜晨：《走向智慧型治理：环境治理模式的变迁研究》，《南京工业大学学报》（社会科学版）2019 年第 5 期。

③ 陈建：《数字化技术赋能环境治理现代化的路径优化》，《哈尔滨工业大学学报》（社会科学版）2023 年第 2 期。

从"赋权"到"赋能"的发展，反映了从赋予"行动资格"到赋予"行动能力"的重心转变。[①] 管理学视"赋能"为组织内由上至下分享授权，并通过各种服务最大限度激发个人潜能。[②] 从组织角度看，"赋能"是未来组织的关键功能，是提高工作效率的有效手段，也能帮助个人与组织获得过去不具备的能力或实现过去难以达成的目标。[③] 从社会学角度看，"赋能"在个体层面的目的是提高目标群体的社会参与能力、激发群体的内生动力和提升其自我控制感。[④] 可见，"赋能"的实质是通过授权，提供资源、知识、信息或改变组织架构来提高个人、群体或组织应对挑战、实现目标的能力。数字技术与赋能理论的有机结合衍生了"技术赋能"，即运用先进的科技手段，通过提供场景、平台等方式，赋予个人、组织、社会或国家更多的行动能力和机会。

在技术赋能治理过程中，"协同"是不同应用系统、数据资源、终端设备、应用情景等的全方位协同，协同的结果使个体和整体共同发展。同时，"共享"意味着信息的使用权或知情权与其他所有人共同拥有。协同共享作为信息发展最基础也是最难实现的目标，在治理实践中往往难以达到理想状态。在本研究中，原本属于医疗领域的"医院"概念被拓展至环境治理领域。谈及"医院"，人们通常联想到以提供医疗诊断、治疗和护理服务，旨在维护人类身体健康的专门机构，而"环境医院"则将环境视为一个整体的生命体。这一模式提供一站式综

---

① 王丹、刘祖云：《乡村"技术赋能"：内涵、动力及其边界》，《华中农业大学学报》（社会科学版）2020 年第 3 期。

② W. Warner Burke, "Leadership as Empowering Others," in Daniel J. Brass and S. Srivastva, *Executive Power: How Executives Influence People and Organizations*, SanFrancisco, California: Jossey-Bass, 2008, pp.51-77.

③ C. Spreitzer, "Giving Peace a Chance: Organizational Leadership, Empowerment, and Peace," *Journal of Organizational Behavior*, Vol.28, No.8, 2007, pp.1077-1095; E. Hermansson and L. Martensson, "Empowerment in the Midwifery Context: A Concept Analysis," *Midwifery*, Vol.27, No.6, 2011, pp.811-816.

④ Marc A. Zimmerman, "Taking Aim on Empowerment Research: On the Distinction Between Individual and Psychological Conceptions," *American Journal of Community Psychology*, Vol.27, No.6, 2011, pp.169-177.

合服务体系，用于解决区域性环境问题，不仅处理现存环境问题，而且通过"数据"综合分析，从源头上采取措施进行治理，类比医疗领域，这种方法相当于追求治愈和预防。"环境医院"在平等、共识、互助等价值理念的基础上，实现了有限空间、有限平台的技术、信息乃至资金的协同共享，实现了技术赋能驱动环境治理模式的有效创新。"环境医院"在政企共建、互利共赢的基础上，更加关注推进多元主体对环境治理的表达、理解与合作。因此，为了展示"环境医院"真实有效的运作机制，本研究以图1为分析框架，对"环境医院"的概念、运行逻辑和发生路径进行阐释。

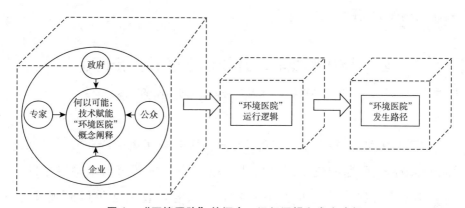

图1　"环境医院"的概念、运行逻辑和发生路径

A市位于华东地区，作为国家科技创新型试点城市，城市建设发展聚焦信息、能源、健康、环境四大领域。近年来，经济快速增长造成了以"排放"为主的环境污染。在国家对环境治理与环保产业的重视程度不断加强及"双碳政策"全面推行的背景下，A市以"绿色"发展为契机，在众多高科技企业及科技创新平台的基础上，积极推动生态城市转型。

2020年4月，A市人民政府与中国科学院着手共建"中国环境谷"。依托"中国环境谷"的现有资源，为实现科技成果快速转化和环境类项目落地，A市"环境医院"应运而生。

本研究运用案例研究法，使用的资料主要来源于2021~2023年研究团队对 A 市"环境医院"的实地调研。在此期间，研究团队追踪调查了"中国环境谷"及"环境医院"的实际运行状况，并对"环境医院"智慧环境治理平台的管理人员、环保企业负责人、"医院"专家库成员和 A 市政府工作人员进行了深度访谈。同时研究团队还查阅收集了相关政策文件、规划材料、会议记录、媒体报道等，掌握了大量的一手、二手文本资料。在了解 A 市"环境医院"的系统架构、运行机制、特点及其成效的基础上，本研究尝试分析 A 市"环境医院"建设背后的逻辑。此外，研究团队还对 A 市"环境医院"主要治理范围内的河流、空气质量状况以及工业园区等敏感区域的治理现状进行了实地考察，以确保案例的真实可靠性。

四　技术赋能驱动环境治理模式创新何以可能："环境医院"的阐释

"环境医院"是指在环境治理方面，能够全面集中产业资源、系统解决环境治理问题的技术服务模式。在 A 市人民政府与中国科学院共建"中国环境谷"产业集群下，A 市 S 区通过政企合作形成规模化、整体化、市场化运作平台，以改善环境为最终目标，以治理成效为考核标准，将技术、人才、资本进行统筹，通过协同合作、技术创新、业务联动、资源共享，构建了一站式生态环境监测诊断、咨询设计、精细治理、规范运营的环境治理创新模式。在 A 市的实践探索过程中，"环境医院"目前具有三个显著特性：一是作为治理方法，能够号召多元主体、集成多种资源；二是作为治理平台，具有信息技术的实践运用能力；三是作为治理模式，能够为实现环境治理现代化提供借鉴。

目前我们国家环境污染状况仍然十分复杂……像原有的土壤、固废、水体和气体的污染问题也越来越复杂，传统单一的治理方式和治理技术逐渐乏力，这提醒政府必须做出转变，主动寻求与企业合作，实现技术和治理的综合运用，对污染疑难杂症进行攻坚。
（H单位访谈记录：H210119）

A市"环境医院"由地方政府和环保企业共同筹建平台，依托"中国环境谷"的资源、技术优势，整合了100余名以清华大学、中国科学院下属院所为核心，本地环境相关领域高校、科研院所的专家、教授组成的"医生"团队，通过"线上+线下"医院平台，对A市政府及企业的环境治理需求提供一体化综合环境治理服务。

"环境医院"的成立可以说得上是天时地利人和，"天时"就是这些年国家对于环境治理和环保的重视，提供了一系列政策支持；"地利"是A市高校、科研机构提供了大量顶尖技术和人才，这些是基础支撑；"人和"则是A市领导对绿色和生态这个发展方向的高度重视及市民环保理念的提升，综合以上才有了这家"环境医院"。（Z机构访谈记录：Z210120）

"环境医院"依托于"中国环境谷"，"中国环境谷"作为我市的重点环境产业工程，由省市主要领导亲自挂帅，省生态环境厅和市生态环境局作为推进单位，在政策落实发展上具有显著优势，为环境治理奠定了良好的基础。（S单位访谈记录：S230512）

目前"环境医院"拥有环保企业37家，其中28家为"中国环境谷"内的企业。医院主要由总院、分院、专业门（急）诊、信息化平台4个部分构成。[①] 目前已经形成"1+4+3"服务体系，即通过"1"个环境工程实验室，在"咨询设计""监测诊断""治理修复""运营服务"4个专业科室的基础上，建设了"环境污染体检中心""环境咨

---

① 数据引自《A市"环境医院"2021年发展报告》，为匿名需要，隐去具体来源。

询设计中心""线上问诊中心"3 大对口环境服务中心。通过"监测—治理—修复"的链条，A 市具有环境治理需求的地方政府和企业在行政区域、河湖流域、工业园区、污染事故应急以及其他重点城市综合防治方面能够得到"环境医院"的一站式治理。

我们"环境医院"目前成效十分明显，针对大多数环境"疾病"，不仅能"做体检""开药方"，还能"行治疗"。从目前已经解决、正在解决的环境污染治理案例来看，只要是环境方面出了问题，在这都能找到有效的解决方案。（H 机构访谈记录：H210120）

（一）"环境医院"总院

总院目前设立于 A 市"中国环境谷"，归属 A 市环境研究院，由省人民政府授权省发展改革委履行主办单位职责。总院依托"中国环境谷"资源，结合各个治理载体，如"环境科技大厦""环境科技园""环境经济产业园""环境科技小镇"等，构建了一个有机整合的环境治理生态系统。作为环境治理的中枢和核心，是进行环境污染治理的实体形态，覆盖了咨询、设计、监测、治理、运营等全过程，统筹指挥下属分院及环境治理业务的运作和管理。它重构了原有政府环保部门和环保企业之间自上而下的关系，作为不同环境治理主体进行了数据信息的交换和授权使用，在领导机制上解决了区域环境数据壁垒和资源不均等冲突，使技术赋能达到区域平衡，实现了两者的双向赋权。目前 A 市"环境医院"总院依托"中国环境谷"，将现有企业、技术、设备、人才、资本多方资源进行集合，同时其环境工程实验室能够提供环境治理质量评价及监督考核等服务。

（二）"环境医院"分院

分院作为 A 市"环境医院"的第二建制，根据地方政府和区域环境治理意向在合作地区建立，分为区域型分院和功能型分院。区域型分院主要以 A 市各区域环境治理成效为主导目标进行建制，有助于缩小不同区域之间的环境差距，提升城市整体环境质量。功能型分院关注特定领域的环境治理，以产业集中区为对象，充分利用总院平台，实现技术和资源的共享。A 市目前已经建立四大分院，分别涵盖了水环境、大气环境、"双碳"以及土壤与固废领域。细分专业化的设置不仅使得每个分院能够集中精力，深入研究和解决特定领域的环境问题，也强调了"环境医院"整体上的多学科治理性质，实现了对不同环境领域的综合关注。分院在总院的统筹管理下，依托技术赋能，高效地进行环境治理工作。分院体系能够根据实际情况识别环境问题和诉求，因地制宜，提供符合当地需求的解决方案。同时，这种分院体系还具有灵活性，能够随着环境问题的发展进行调整和优化。

（三）"专业门诊+急诊"

作为"环境医院"的第三建制，"专业门诊+急诊"由以中国工程院和中国科学院为代表的相关细分环境领域专家、具有竞争力的环保企业、S 区经济开发区管理委员会及运营平台人员组成专业门诊团队，在总院和分院的统筹下开展环境治理工作。在具体环境问题的研判过程中，团队会同中国环科院、省环科院等科研机构及高校的环境领域专家，塑造了环境治理的多元主体参与格局。A 市"环境医院"已经实现了与 A 市各区政府、环保、住建、发改委以及主要污染排放企业在内的环境治理需求方的线上对接和线下服务，依托信息化管理支撑平台、智能设备、自动化实验室以及政府接入的数据资源，为环境问题提供真实、有效的数据支撑（详见图 2）。

（四）信息化管理支撑平台

以技术赋能驱动环境治理的过程中，数据信息的收集、储存、处理是实现环境高效治理的关键所在。其充分应用能够完成监测数据由

"医院专家门诊"：专业科室治理

环境咨询设计 ｜ 污染监测诊断 ｜ 环境治理修复 ｜ 平台运营服务 ｜ 治理过程监督 ｜ 治理效果评估

图2　"环境医院专家门诊"——专业科室治理内容

"小样本"向"全样本"转变，达到从展现因果关系到分析内在机制的治理新高度。在A市"环境医院"的实践中，通过包含监控、管理和执法在内的16个数据系统已经形成了统一的信息化管理支撑平台（见图3），并在此基础上细化为能够采集从源头到末端信息的7个平台，为环境治理提供全流程数据支撑服务。

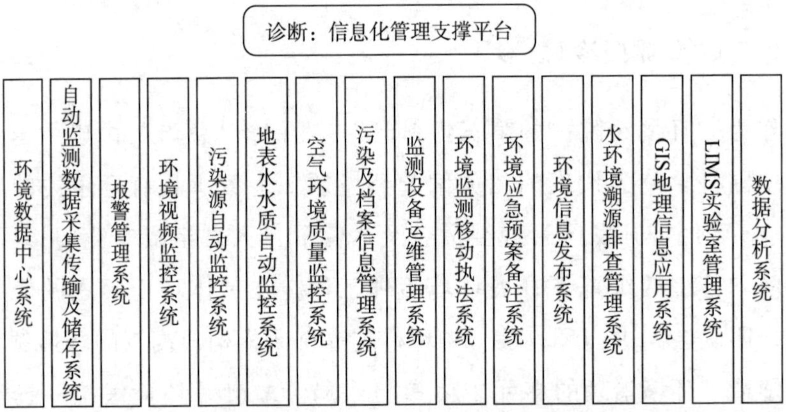

诊断：信息化管理支撑平台

环境数据中心系统 ｜ 自动监测数据采集传输及储存系统 ｜ 报警管理系统 ｜ 环境视频监控系统 ｜ 污染源自动监控系统 ｜ 地表水水质自动监控系统 ｜ 空气环境质量监控系统 ｜ 污染及档案信息管理系统 ｜ 监测设备运维管理系统 ｜ 环境监测移动执法系统 ｜ 环境应急预案备注系统 ｜ 环境信息发布系统 ｜ 水环境溯源排查管理系统 ｜ GIS地理信息应用系统 ｜ LIMS实验室管理系统 ｜ 数据分析系统

图3　"环境医院诊断"——信息化管理支撑平台构成

1. 环境问题诊断平台

负责环境治理项目前期的勘察与诊断，通过详细记录环境问题、需求信息，提高环境治理项目的可行性，为后续治理过程中的合作与协调提供依据。更为重要的是，这种记录和溯源机制使得治理过程的透明度得以提升，有助于建立信任与合作关系。

2. 环境检验监测平台

作为治理阶段的核心，为治理提供了实验室数据的支撑。这些数据不仅是治理过程的基础依据，还能为治理方案的制定和优化提供关键信息。在项目结束后，定期监测能够确保治理效果的持续性和稳定性。目前 A 市"环境医院"根据监测数据，能够提供实时环境空间立体化图形展示，对环境问题的根源、治理的成效进行有效跟踪与剖析。

> 目前我们依托"中国环境谷"的一家土壤检测企业可以实现超 2000 种目标化合物的检验监测，这个数字意味着我们"医院"的监测能力能够覆盖绝大多数污染物。这家企业也是看中了 A 市政府政策支持和产业集聚能力才在这里成立了子公司。（Z 机构访谈记录：Z220320）

3. 治理方案设计平台、环境工程技术平台、治理设备平台、项目信息平台

A 市"环境医院"将治理设计方案、实施过程、治理设备等治理策略和工具进行收集与管理，用于日常运营，便于类似治理案例的复制与推广。A 市"环境医院"已将 200 余条环境治理项目信息归纳至信息化管理支撑平台中，以便后续再次发生类似污染问题或发生相似应急事件时能有效、迅速地开展治理，同时为建立重点流域综合防治案例示范区提供了素材。

4. 风险管理与预警平台

目前"环境医院"为 A 市重点流域、河段、湖库等提供了治理后期的"出院"指导，具体开展了环境治理项目定期监测，当发生水环境、大气环境和土壤环境监测指标异常升高或超标时平台会做出预警提醒，有利于及时阻断区域大型污染事件的发生。

五　技术赋能"环境医院"的运行逻辑

技术赋能与社会治理的结合，使得技术已经超越其本身的价值。表

现为，通过对社会治理传统要素的变革和重组，产生了巨大的赋能效应。环境治理信息在时间和空间中高效运转的关键在于现代信息技术的应用。这一技术至少在三个方面展现了显著的效率，即信息搜集、信息存储和信息处理。作为治理体系中的技术支持，以技术赋能环境治理并非单向引入，而是"技术"与"组织"之间的双向互动。这一过程可以被分为三个发展阶段。第一阶段是技术引入阶段，环境治理主体运用信息技术有效搜集和保存环境治理信息。第二阶段是技术扩展阶段，随着技术在环境治理实践中的深入应用，技术与组织之间的沟通互动进一步协调，表现为技术赋能组织的进一步融合。第三阶段是技术扎根阶段，此时技术作为社会变革的推动力量，将其网络化、多元化、动态化和整体化等结构属性引入传统环境治理组织，并凭借其强大的结构刚性反过来塑造和优化组织结构。①

总而言之，技术赋能环境治理过程中，以数据、通信和网络技术为核心的信息技术，通过与环境治理组织的双向互动，逐步融入环境治理组织体系之中，从而使环境治理行动主体拥有了更加全面、精准和细致的理论依据，同时也突出了环境治理的技术性。以技术赋能环境治理，蕴含多重的运行逻辑，如技术逻辑、权力逻辑、市场逻辑和效率逻辑等。在当前"环境医院"这一具体治理模式的实践中，其主要表现为数据驱动、双向赋权和信息共享三个方面的技术赋能逻辑。

（一）数据驱动逻辑：提升环境治理的精准化水平

作为一种新兴的环境治理模式，技术赋能环境治理通过将技术与社会治理的有机融合，在提升环境治理水平、形成多主体共治格局、促进精细化环境治理等方面展现了显而易见的优势，并成为当前生态建设中的一个重要发展方向。以技术赋能环境治理，在弥补传统上政府参与环境治理缺位的基础上，通过助推企业由"参与型治理"走向"合

---

① 谭成华：《智慧治理的内涵、逻辑与基础探析》，《领导科学》2019 年第 24 期。

作型治理"，实现了对社会治理诉求的有效回应。①

大数据作为新型数据分析技术，兼具资源和思维两种特性。二者的结合不仅实现了对治理资源的管理，而且突破了传统治理思维，促进整个社会的发展。在数据本身所拥有的精准化属性下，技术赋能通过收集海量数据信息，实施数字管理，在大数据的应用过程中能够贯彻"精、准、细、全、严"的原则，促进管理的精准化发展。② 以往，A市政府获取环境相关数据主要依赖监管机构有限的数据源，这种数据获取模式常常囿于设备和范围限制，导致环境数据在一定程度上具有滞后性。

> 长期以来，我市环境治理面临监测数据不全、治理方案"碎片化"等问题。在政府的统筹领导下，各部门和环保企业都在为治理付出努力，但由于缺乏统筹协调，治理效果并不尽如人意。同时，基于我市的发展方向，需要构建能够解决更多环境问题的可持续发展方案。（H单位访谈记录：H210119）

对各类环境数据进行监测，是开展环境治理的重要基础条件之一。面对这一现状，A市政府从数据逻辑出发，尝试通过与环保企业携手打造平台，整合各方资源优势，以数据促治理。同时，以"不破不立"为指导思想，倒逼自身尝试管理创新，借助技术精准掌握社会需求，实现数据整合与共享，及时回应社会诉求，提高自身环境治理水平。③

> 用数据治理是必由之路，同时我们作为政府必须承认单一力量是非常有限的。我们希望通过与企业建立平台，实现三方面的效果：一是通过平台汇集各类环境监测数据，形成比较全面、动态的

①　陈荣卓：《智慧治理的应用效能和伦理边界》，《国家治理》2021年第Z1期。
②　夏莉、江易华：《地方政府环境治理的双重境遇——基于大数据视角》，《湖北工业大学学报》2016年第3期。
③　陈潭：《大数据驱动社会治理的创新转向》，《行政论坛》2016年第6期。

环境画像，找出环境风险的症结；二是运用他们先进的大数据分析，提高诊断水平，制定有效的治理方案；三是依托平台统筹数据，打通环境治理的整个流程。（S 单位访谈记录：S210119）

从 A 市政府的角度来看，一方面，地方环境治理能力的提升推动大数据技术的发展和利用，大数据也为其环境治理提供科学的技术支撑手段。另一方面，伴随环保产业市场空间加速释放，A 市以"绿色"发展为定位集聚的大量环保企业同样需要新型的应用场景。

数据共享可以帮助我们降低治理成本。利用政府已有数据，可以避免重复监测投入，节约治理资源。汇聚至平台的数据可以帮助我们研发出更经济高效的治理方案和技术，从而降低企业运营成本。（Z 企业访谈记录：Z220320）

"环境医院"借助"中国环境谷"内 20 余家环保企业拥有的前沿技术和设备，建立实时监测站点，布置传感器和监测设备来获取企业及园区内的环境数据。同时，利用遥感、卫星图像等技术手段，获取广域范围内的环境信息，提高"感知层"在生态环境"触觉"方面的应用水平。根据 16 个数据系统以及可以采集从源头到末端信息的 7 个平台，A 市建立了信息化管理支撑平台，作为在线数据平台，汇总政府、企业和园区内授权使用的多种数据源信息，能够依据精准化数据更快地介入治理活动，通过动态数据分析设计治理策略并采取治理手段。对于产生环境污染的相关企业来说，污染事实与污染数据的对应成为政府的有效"监视器"。因此，技术赋能环境治理与政府和企业之间存在内在契合性。

（二）双向赋权逻辑：塑造环境治理的多元参与主体

技术的发展加速了社会资源的流动，为行动主体提供了平台和空间。在此基础上，大规模的协同成为常态。① 赋权作为具有资源、目标和能动性的一个动态过程和概念体系，蕴含了技术赋能环境治理的实质，即在大数据的基础上实现政府和公众之间双向赋权，通过资源、决策和行动权的授予构建多主体有效参与和政府弹性发展格局。技术赋能通过将环境问题和治理主体相匹配实现措施与职能的匹配，完成相应的赋权和智慧治理。

一方面，在"环境医院"内，技术赋权政府主要体现在环境治理过程与结构设计的效果改进需要通过技术的整合功能来实现。"医院"平台整合了 A 市环保资源，政府与企业协调公众共同参与，提高了治理水平。因此，"医院"拥有包括环保监测、园区内企业排放和公众反馈等多源异构数据。"医院"所拥有的技术支持和专业团队，有助于政府构建智能化的环境治理体系，培养本地专业环保队伍。"医院"通过资源共享和跨界协同，降低了政府的治理成本。以"医院"平台展示治理成效和创新模式，有效提升了 A 市政府的环境治理形象。

> 早在我们提出"环境医院"这个概念之初，就找了一些环保企业和公众，当然还有区里比较大的生产企业座谈。环保企业和公众当时是很肯定这个想法的，对于我们三方来说，回报大于投入。生产企业抗拒的点无非是污染数据的监测公布会损害其利益，不过政府也明确表示这可能是未来我市的发展方向。同时，由谷内来解决产生的污染问题，能够大幅降低他们的治理成本、提升治理效率。（H 单位访谈记录：H210119）

另一方面，技术赋权个体，直接表现为通过提供民主实践的场域基础，充分吸纳社会各阶层的群体参与其中。信息技术空间以其开放多

---

① 朱婉菁、刘俊生：《技术赋权适配国家治理现代化的逻辑演展与实践进路》，《甘肃行政学院学报》2020 年第 3 期。

元、易于操作等特点满足多元主体共同参与的基础性要求，每个个体都通过这一虚拟公共场域来进行实时互动和沟通，环境治理的主体从单一的政府逐渐向多元行动者系统转变。

"医院"建设目标中有一条就是开辟多元参与治理新渠道。平台通过接入环境数据，对接环境资源行政主管部门，整合国内环境治理专家、领先技术和优势企业，打造政府、市场和社会力量共同参与、分工协作的多元共治模式。不过其中公众的参与一直是一个"难题"，我们鼓励专家在发挥技术作用的同时以群众身份建言献策。对于公众，"医院"参与的治理案例凡是涉及群众利益的，由政府这条线去推方案座谈会和后期项目经验研讨会。（S 单位访谈记录：S220224）

SJHH 公园和水库治理项目中，我作为公众全程参与了，当时社区和生态环境保护协会一起在我们小区做宣传，鼓励我们报名参与，还建了微信群，群里一共 161 个人，区政府把他们的两个设计方案发到了群里，企业和专家对我们的一些问题进行了回答。这个项目一共开了三次会，两次座谈会和最后一次效果研讨会，还让我们帮忙发了一些问卷。其间"医院"关于这个项目的治理数据一直是开放的。（Y 群众访谈记录：Y230419）

在中央环保督察的压力下，A 市 Z 区水库污水问题亟须得到治理。作为应对之策，Z 区政府主管部门迅速提出环境治理需求，并以项目形式提交至"环境医院"，同时授权"环境医院"获取有关水库及周边公园的环境数据和治理信息。"环境医院"组织 23 家企业及专家，同时邀请中国环科院、省环科院等科研机构以及省内外高校研究人员进行实地调研和考察，组织专家"问诊"。在了解末端污染问题的基础上，尝试厘清污水产生源头，并进行治理方案设计。在以环境治理为导向的理念指导下，设计方案包含了后期水库正常运营维护的生态项目。在 A 市政府主导下，"医院"邀请社会组织和群众参与方案座谈会，在治理方案中充分考虑了各方需求和意见，确定了水库污水治理及生态项目的建设方案。治理结束后，环保督察顺利通过，水库及周边公园的生态环境质量得到提升。项目后期，"医院"向 Z 区群众发放 1500 份问卷，针对回收的改进意见，进一步完善环境运营管理方案。

这一过程中，"双向赋权"作为技术赋能环境治理的自然内涵，促进了多元主体参与环境治理，使政府与多元主体之间的关系得以平衡发展，成为技术赋能环境治理的最大优势和保障。技术的发展所拥有的赋权和监管双重社会属性使得个体积极参与监督和治理，在给政府和企业生态管理带来挑战的同时，构建了以技术深刻嵌入社会为特点的新发展机遇。在 A 市"环境医院"治理水库污染的过程中，初步实现了以政府为主导、企业为主体、社会组织和公众共同参与的环境治理格局，技术赋权下多方主体有效参与环境治理，推动了环境善治。

（三）信息共享逻辑：建构环境治理的整体智治模式

技术赋能为环境治理走向"智治"提供了发展契机，同时为社会整体智慧治理创造了机遇。作为一种尝试解决环境问题的新型环境治理模式，实现全面"智治"需要在工具层次上实现"效率"，在价值层次上实现"以人为本"，从而构建一种新型的"共建共治共享"的社会治理模式。

一方面，技术赋能环境治理能够为平台提供更低成本和更有效的服务。技术赋能拥有的信息收集、数据分析、资源整合等优势与环境治理相契合。政府部门与相关企业之间的整合、不同层次政府之间的整合、抑或类似功能与政策措施之间的整合，都将借助大数据的力量，实现"线上"与"线下"的整合与联动，并由此构建具有协同效应的政

策与实施网络，进而实现整个社会环境治理的整体、动态管理。① S 区
政府与企业共建平台之初，就确立以"改善环境"和"治理成效"为
合作目标。通过签订协同发展协议，明确各自的责任和义务，其中信息
共享的范围包括项目授权下的环境数据共享、智能分析、决策支持等，
还设定了数据更新频率以及数据安全和隐私保护的原则。

> 我们进入谷内的环保企业都和政府签订了协同发展协议，环
> 境监测信息和治理进展等信息全部汇总发布到信息化管理支撑平
> 台。利用政府和谷内资源开发整合的各类环境数据以及园区内企
> 业的排放数据要进行关联分析。我们还建立了"环境信息快通机
> 制"，违规信息我们要公示。当然，有权就有责，谁的仪器、谁的
> 数据、谁的分析都有追究制度。出现问题会影响到我们在区内的
> "接单率"。(F 企业访谈记录：F220320)

省发改委、市政府、市发改委、中国科学院及主要企业依托平台共
同成立理事会，并实行理事会领导下的主任负责制。平台建设完成后，
政府和企业围绕项目整合各自的环境数据，同时，提供标准化数据接口
和格式，保证了数据授权与信息共享得到落实。随着政府与企业合作关
系的深化，企业作为环境数据的主要产出者之一，开始积极参与整体环
境数据的共享。企业所拥有的大量环境监测、生产排放、用能消耗等数
据，极大丰富了政府环境数据的来源，为获取环境数据提供了新的途
径。同时，园区内污染企业作为经济生产主体，在日常运营中产生的大
量环境数据蕴含了丰富的信息，如排放情况、废水水质、能源利用效率
等，这些数据对于"环境医院"分析区域环境状况、评估环境影响具
有重要意义。

另一方面，整体性的策略可以满足政府和社会个性化、多样化的治

---

① 余敏江：《整体智治：块数据驱动的新型社会治理模式》，《行政论坛》2020 年第 4 期。

理需求。政府和企业通过授权的信息共享机制完善自身数据库，在信息化手段和工具的应用基础上参考相关治理数据并开展决策。同时，借助信息的高效传播，吸收诸如民主理论、参与理论等相关成果，使相关治理主体在环境治理中的观念发生变化。无论是政府行政价值观转型，还是企业和社会的公共价值观重塑，都对民主化、参与式的环境治理提出了价值需求，即重视在建设整个"智治"系统的过程中，充分地发挥政企互动、协商民主和公众参与的功能，创新环境治理方式。

作为"医院"智库专家，我们需要展现技术方面的专业性，作为社会公众，也要履行协商民主和公众参与的义务。区政府也这么鼓励我们，尤其在设计治理方案上，要根据各个企业的专长、报价充分考虑。科研院所和高校为我们做背书，同时环境谷也为我们提供了科研环境。公众也可以通过线上向我们进行环境问题的咨询，和政务服务机制很相似。（X群众访谈记录：X220321）

以政府、企业以及专家为代表的个体在"环境医院"的运行过程中，通过技术的应用实现了环境信息的共享，打破了原有因信息壁垒而产生的不平等，并基于合作关系形成了更高层级的价值共识。这有效提升了环境治理效率和能力，使得环境治理多元主体在公共平台和有限空间内实现了信息高效传递和反馈。

六 技术赋能"环境医院"的实践进路

（一）政府与企业共建平台，提高环境数据资源集成与融合水平

技术赋能环境治理最鲜明的底色是数据，各种与环境有关的信息都属于环境数据，不仅包括地理和生态类基础数据，还包括监测数据和社会数据。传统治理中的环境数据呈现不充分、不及时、非对称的特

点，且治理工具的选择具有随意性、盲目性。长久以来，地方政府和企业的数据封闭性普遍较强，在治理权力相对不足的情况下，政府和企业深入融合，共建平台、共享数据，建立了密切的互惠关系。环保企业利用特有的技术、资金、人才等资源优势与地方政府共同治理，为环境治理现代化提供了战略支撑和高效响应。"环境医院"运作模式如图 4 所示。A 市"环境医院"依托"中国环境谷"，集聚环境领域重点企业，以环境感知技术为基础、以互联网为载体、以大数据为核心，构建环境治理线上、线下综合服务平台。首先，在生态文明建设和国家治理数字化转型背景下，A 市政府作为环境治理主体，需要提供相应"场景"回应社会需求，同时负责环境政策的制定、监管和调控。

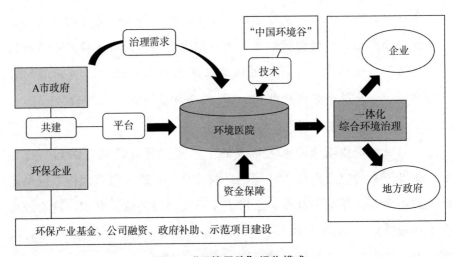

图 4 "环境医院"运作模式

作为政府，在数字治理时代需要拓展技术应用的"场景"，同时和企业共建平台能够提升区域环境监测水平、提高治理效率、强化环境管理，在这个基础上推进信息公开和公众参与。还有很重要的一点，"环境谷"和"环境医院"的发展能积极展示我们市在生态上的治理成效。（H 单位访谈记录：H210119）

其次，对于环保企业而言，在建设美丽中国的背景下，相关产业市场规模扩大的同时，也加剧了行业竞争。企业作为经济主体加入平台的首要目的是逐利。其中"利"不仅包括市场机会以及竞争力，还包括技术支持、实践机遇和低成本。善用政府提供的关于环境法律法规政策的信息能够确保企业自身行为的合法性。集聚效应积累的环保技术和解决方案，使企业提升自身环境治理水平。"环境医院"的跨界资源共享能力也为其提供了最佳的实践支持。

> 我们企业目前在水环境治理方面仍属于中游，除了日常治理项目外，我们进入"环境谷"，想借助"医院"这个模式让企业往上走。一是享受政府提供的更多政策扶持。二是"环境谷"的集聚效应能够开拓新的业务增长点。三是符合绿色发展理念，通过"高"和"新"来提升企业美誉度，展示业绩。这些都是加入平台的额外收获。（G 企业访谈记录：G220321）

就平台建立，A 市政府、S 区经济开发区管理委员会与环保企业签订协同发展协议，统一相关数据口径，以明确数据共享的范围、方式以及数据保护为原则，改变了政府数据部门化、碎片化的现状和企业数据的"盈利"导向，打破了原有信息差，解决了区域内技术赋能环境治理固有的"信息困境"，形成了"横向到边、纵向到底"[①] 的信息格局。同时，结合 S 区发展导向，S 区人民政府办公室印发了若干支撑政策细则。

> 信息数据这块的政策激励，就有很多条。引进大数据企业是"一事一议"，成为市级环境大数据企业有一次性奖励。环保领域开展智慧场景应用、在本辖区内提供信息化基础设施建设都能够申请研发奖励。我们申请专利、科技计划、专项或者获奖都有配套

---

① 　余敏江：《环境精细化治理的技术–政治逻辑及其互动》，《天津社会科学》2019 年第 6 期。

资助和奖励。此外，入驻谷内有相当比例的租金补贴，这样进入谷内或园区内，是非常经济的选择。（G企业访谈记录：G211127）

我们入驻是需要付费的，平台的入驻费是根据企业规模进行收取的。还有租金，根据面积计算，不过前三年有补贴，如果技术这块有突破还能继续享受。目前收费项目很少，政府重在奖励和补贴，还有我们参与治理项目的收入。不过随着"医院"的发展，企业竞争也会变大，不知道后面效益如何，政府补贴这块能否可持续。（B企业访谈记录：B211127）

政府提供政策激励、项目资金和基础设施建设，环保企业在项目范围内分享治理数据和技术成果，通过自动化实验室和信息化管理支撑平台实时接入、共享环境监测数据，补充治理案例，建立数据管理和分析工具，以实践经验和技术创新为合作注入了活力。

党的十八大以来，在环境治理市场潜力巨大和积极响应中央政策承担社会责任的背景下，环保产业规模不断壮大，社会资本的进入能够打造常态化治理体系。通过政府与企业的合作共建，"环境医院"成为一个集数据资源、技术支持和治理方案于一体的综合性治理平台。日常完成污染源定位、监测信息、项目信息和日常执法记录等情况的收集整理，在后台进行数据的统筹分析，形成可视化的综合环境数据库，允许政企环境数据资源整合，实现生态环境数据一体化、生态环境综合决策科学化。政府和企业的合作为环境治理提供了更多可能性，能够利用已有数据积极应对环境问题。这种合作模式有助于构建整体智慧型环境治理模式，推动环境治理向更智能、协同的方向发展。

（二）因地制宜赋能资源，实现人、财、物的利用与整合

环境治理不仅需要海量数据资源，而且需要技术、治理等资源的整合，通过上述资源复合监管日益庞大和复杂的问题对象。A市结合实际

情况，在良好的科技、信息、能源、健康等产业基础上，积极推动绿色发展相关部署。

"中国环境谷"内目前聚集了环保龙头企业和环保配套企业，已经形成了从环境技术研发到环境治理、环保工程建设及环保服务的链式服务。此外，"中国环境谷"部署了尚未入驻园区的目标企业。"环境医院"结合谷内"企业池"，利用 A 市政府打造的生态场景以及资金补贴，包括环保产业基金、政府补助、示范项目建设经费等，为"医院"提供了广泛的资金来源。平台成立之初，S 区政府设立了 1.2 亿元的天使投资基金，用以支持种子期和创立初期的数字、环境相关领域企业。同时，S 区以政府背书的形式，为平台企业提供贷款担保和利息补贴，并为企业员工优先提供区内公租房。

> 开始我们就确立了"智慧环境治理"的角色定位，一方面，对内面向我市环保企业，筛选一批能够细分环境治理领域的功能型企业。另一方面，面向全国，鼓励有实力的综合环境服务企业在我市成立子公司。"医院"这个平台肯定是需要这个领域的领先企业先走出一条路的，这样后面项目的治理以及经验复制推广才能有所借鉴。我们已经尽可能提供支持，希望环保企业和区内生产企业承担社会责任，从"单打独斗"向"抱团作战"转型，共同进行治理探索。（S 单位访谈记录：S211127）

"中国环境谷"联合 A 市环境工程实验室、国家环境保护重点实验室以及 A 市科教资源、中国科学院研究人员、高校人才等环境领域知名专家、教授，组建"环境医院"专家库，成立专家咨询委员会，纳入平台科技顾问委员会、工程技术委员会和理事会，实现了专家资源在"环境医院"内起到实际作用。

> 平台建设时期，就开始确定并邀请科研院校专家、教授加入

"医院"，收集了大量专家和团队的特长以及典型成功案例，使"医院"科室的组建划分更有针对性。平台会负责相关薪酬支付，主要资金来源为落地项目收取的相应管理费。不过对于专家薪酬这部分我们更多的是以提供科研数据、前沿设备和场景进行"价值交换"。（S单位访谈记录：S211127）

同时，"中国环境谷"建立了"环境医院"监督管理工作方案，由专家全面负责"诊疗过程"，在多种治理方案中筛选适合企业环境治理的方案。为了保证透明、公平、公正的治理环境，实现"环境医院"善治，平台建立了企业考核筛选、负面清单管理、专家筛选监管等机制，促进环境问题的诊断与治理。此外，"医院"依托"中国环境谷"吸纳生态环境保护协会入园，为社会组织及公众参与环境治理提供新的空间和选择。

区域环境治理中的人、财、物、地和组织的联结，使得环境治理主体由政府单一主体过渡到一个由政府、非政府组织、企业与公众个体构成的行动者网络，具有广泛性、包容性和多元性，环境治理水平得到切实提升。

（三）全生命周期治理，完成环境全过程闭环监测与管理

技术赋能环境治理不再以修复式"末端治理"为主，这种传统的修复式的处理方式存在诸多弊端。其后果表现为对污染源头的关注与处理往往是在污染发生后，缺乏初期的防范与管控，只能对环境污染或潜在生态损害具有一定的限制效果。这一过程中，污染研判、治理方案、环境执法在内的各个环节被多个主体在时空上进行了分解，造成了整个环境治理流程的碎片化。以技术赋能搭建数据底座，用数据"穿针引线"，形成从采集、监测、管理、分析、执法到修复的全生命周期智慧闭环管理，是"环境医院"的探索，同时也是未来实现源头治理、精准治理、融合治理的突破点。

　　传统治理模式对环境数据的处理以监管和回应为主，这两种模式在处理当前复杂多样的环境污染问题时稍显力不从心。传统的决策方法以经验和样本资料为基础，无法实现对数据的有效调配和应用。依托技术可以获取全方位、多元化及精准的环境信息数据，通过分析数据内在关联并进行系统对照，可以对动态的环境演变做出全景式的描述与预测，精准传导、按需反馈，由"末端治理"走向"源头治理"。技术赋能所能提供的环境治理"数据—分析—决策"的路径实现了由经验式决策向智慧决策的转变，防止"拍脑袋"决策的发生。全生命周期环境治理超越了传统的"末端治理"范式，强调对环境问题进行全面的干预和管理，不仅要建立在广泛的数据基础之上，还需要政府、企业、社会组织等多方参与者共同协作，形成协同治理网络，确保环境问题从产生到解决的全过程得到关注。

　　A市"环境医院"通过前期数据获取、双向赋权以及信息共享等机制，能够完成区域内技术整合，提供从监管、预警、分析，到管控、执法的全生命周期闭环管理。以信息精准化、科学化为目标，克服时间因素的限制，使整个治理过程具有一致性。通过智能设备实时收集环境数据，以"智慧环保""环保管家""绿色矿山"分析系统为载体，利用信息化管理支撑平台进行整合和分析。

　　"智慧环保"是地空天的一体化空气监测系统，已经助力我区PM$_{2.5}$浓度连续三年持续下降，全省空气质量考核也获得优秀。"绿色矿山"是减污降碳方面的一体化系统，成功助力兄弟城市遴选绿色矿山。"环保管家"则是专门针对园区的，包含水、土、气、碳在内的数据收集分析。不过这些独立系统最后都会提交数据到平台汇总。（S单位访谈记录：S230827）

　　当环境问题发生后，治理需求通过"环境医院"建立的线下+线上环境问诊窗口，实现政府、企业和专家之间的线上对接、线下服务。信息化管理支撐平台和人工"門診"相結合，對環境風險的形成、發展過程進行快速研判，梳理整合 A 市環保產業供給能力，同時充分吸納專家庫、生態環境保護協會等社會組織以及公眾參與到治理方案設計中。

以數據為基礎，以評估反饋為手段，全生命週期治理模式在技術賦能下，通過智能監測、動態評估、協同合作、閉環反饋等手段，實現環境問題的全過程閉環監測與管理，可有效地縮小權力與監督的差距，促進環境治理向動態方向發展。

七　"環境醫院"：技術隱憂與發展瓶頸

技術在環境治理領域的應用日漸增多，其豐富的信息採集與智能分析功能，能夠助推環境領域的科學決策和高效治理。"環境醫院"作為一種新興的環境治理模式，像傳統醫院一樣，通過對環境"病情"的評估與治療，展現了獨特的環境保護理念與實踐。也正因如此，作為與自然環境同等重要的技術環境，在賦能過程中，潛藏了多重治理挑戰。調研發現，"醫院"在實際運行過程中，不僅存在以技術剛性、數據安全以及數據依賴性為主的技術困局，還面臨財政可持續性、網絡效應的建立和缺乏監管框架等現實瓶頸。

（一）技術隱憂

技術本身所具有的風險對外界而言，易形成一種"決策於未知之中""監管於未知之中""生活於未知之中"的狀態，成為未來環境治理的羈絆。[①] 技術賦能的剛性使得環境數據成為既有程序和規則計算的結果，政府和企業面對透明化數據的監管，傳統的治理方式和治理資源難以靈活發揮作用。政府失去靈活行動的空間，也抑制了生產企業的創

---

① 吳勇、黎夢兵：《新興信息技術賦能環境治理的風險及其法律規制》，《湖南師範大學社會科學學報》2022 年第 2 期。

造性，成为有待解决的矛盾点。"医院"通过众多智能元器件和基础设施嵌入城区的过程中，除环境数据外，也会广泛采集城市地理信息，甚至包括公众个人信息。大规模数据采集、存储和共享涉及多方的隐私，技术系统的脆弱性加剧了敏感数据的泄露风险，"被采集"的过程容易导致个人主体性的丧失。数据的可信度是治理成功的基础，有效决策依赖于准确的数据，"算法黑箱"①的存在就表明了数据误差和不确定性会给治理带来错误和风险。平台技术结构的深化、算法政治与算法治理使公共权力依赖于平台技术、数字算法的运用与运行，导致以人为主体性的政治及治理的终结。②环境治理决策者不能成为数据结果的"传声筒"，技术只应作为辅助手段，过分依赖数据模型而丧失主体思考，很可能导致环境治理决策的机械化与误判。"环境医院"的技术和数据分析由环境领域科技公司和相应算法驱动，治理数据的来源和质量，特别是当数据由政府或利益相关方提供时，可能存在潜在的偏见或误导。

作为区域治理模式，"环境医院"实现了区内数据共享和标准的统一，但是在进行区域外项目治理时，不同地区和机构可能使用不同数据标准和定义，平台内处理数据的标准化运行和对数据的一致性要求，使得跨界或跨地区的环境治理面临挑战。此外，还存在技术依赖性的潜在问题。过度的技术赋能可能使环境治理的运行更加依赖技术系统，一旦系统出现故障或技术变化，会对环境治理产生负面影响。过于关注技术产生的数据，而忽略了自身的感知和观察，容易削弱对环境的亲身体验和主观认知，因此导致的数据"机械性"会在很大程度上削弱社会活力。

（二）发展瓶颈

首先，"环境医院"仍处于探索和发展的前期阶段，其建立和运营

---

① 郁建兴、樊靓：《数字技术赋能社会治理及其限度——以杭州城市大脑为分析对象》，《经济社会体制比较》2022年第1期。

② 范如国：《平台技术赋能、公共博弈与复杂适应性治理》，《中国社会科学》2021年第12期。

需要大量资金，因地制宜地配置资源可以实现平台前中期的发展，但长期资金的循环将会成为挑战，特别是在"医院"推广的过程中，能否在经济实力有限的城市进行复制。当前主要建设资金来自政府的财政拨款，政策亟须保持一定的稳定性和连续性。随着更多企业的加入和治理项目的确立，政府和企业将在经济效益和社会效益方面获益显著，届时政府才能通过以税收为主的方式维持平台的运营。环境治理的效果难以量化，也增加了"医院"成本效益评估的难度。作为提供环境治理服务的平台，维持运营和提供高质量的治理成果需要在技术服务和环境治理之间取得平衡，同时实现一定收益。只有当"医院"真正实现政府和企业共同支撑的运营模式时，才能实现可持续发展。

其次，"环境医院"需要产生足够大的网络效应。环境治理绩效不能仅仅依赖政府和环保部门。在区域层面上对环境治理进行"赋权"或"赋能"，并不能真正达到根治与善治的目的。[①] 而可以预见的是，不仅区内企业之间面临竞争性和关联性的矛盾，而且政府在集聚环保企业、推进生产企业入园和吸纳专家等方面可能会面临规模扩张的困境。在 A 市极力推广"环境医院"的理念和模式的过程中，虽然治理效果明显，但实际上治理案例在数量上仍有所不足，这意味着缺少足够的实践经验来证明其推广性和适用性。作为发展中的事物，地区的环境状况、社会结构、文化特点和经济条件等都会成为制约因素。建立一个"环境医院"或"分院"需要时间和资源，包括设置监测站点、采集数据、开发分析工具和建立合作关系，这一过程可能通常需要以年为单位进行计算。技术维护成本也将成为组织推动"环境医院"建设的主要障碍。同时，不同地区的环境治理起点各不相同，平台发展存在的差异会进而影响协调和对接。

最后，亟须建立具有针对性的监管框架。作为市级层面的政企共建

---

① 陈涛：《环境治理的社会学研究：进程、议题与前瞻》，《河海大学学报》（哲学社会科学版）2020 年第 1 期。

平台，由内向外推的监督机制难免有"趋利避害"之嫌。除了要明确政企角色定位、合理分配管理职责、形成管制约束与积极激励的有机组合外，还需要完善由外向内推的审查机制。合理的监管框架既能确保政府监督企业的参建行为，也可促进企业监督政府的公正运作。通过协调配合机制，激励政企两方共建平台的积极性，形成合力推进环境治理。

八　结论与讨论

数字技术正以新理念、新业态、新模式全面融入人类经济、政治、文化、社会、生态文明建设的各领域和全过程，给人类生产生活带来广泛而深刻的影响。[①] 在数字化浪潮之下，国家和地方政府开始将数字技术纳入社会治理的核心策略，致力于以数字化手段提升治理效能。数字技术在社会治理中的应用，代表了一种以技术创新为基础的治理模式转变，这一模式的兴起凸显了其在增强治理智能性、高效性以及社会参与度方面的重要性。

在实际应用方面，数字技术已逐步渗透到社会治理的多个领域，包括但不限于城市规划、公共安全、环境保护、医疗卫生、教育等。以大数据、人工智能、物联网等为代表的数字技术，为政府提供了更准确的数据支持和智能化决策分析能力，从而提高了治理的科学性和针对性。此外，数字技术也为社会参与提供了更加便捷的途径，促使政府与公众之间的互动更为频繁、紧密。技术的运用不仅能够有效提升治理效率，而且有助于优化资源配置、提高公共服务水平，使政府能够更好地应对社会发展中的复杂挑战，从而为社会创造更加包容、可持续的发展环境。

通过 A 市"环境医院"的案例，我们探索了技术赋能驱动环境治

[①] 《习近平向 2021 年世界互联网大会乌镇峰会致贺信》，《人民日报》2021 年 9 月 27 日，第 1 版。

理的作用机制，包括数据驱动、双向赋权和信息共享，以及环境数据资源的集成与融合、人财物的利用与整合、环境全过程闭环监测与管理。这一实体场景推动了政府和企业以整体形态共同回应环境治理的社会需求。同时，以"环境改善"为最终目标，以"治理成效"为考核标准的双重理念，推动了社会公众的参与，进一步构建了社会治理的共同体。

尽管"环境医院"在环境治理领域具有巨大的潜力，但其在发展过程中仍需克服各种复杂的挑战，需综合考虑并关注技术困境和发展瓶颈，通过适当的政策支持和合理的战略规划，确保技术创新为环境治理带来可持续的正面效应。本研究受时间跨度和研究视角的限制，难以对"环境医院"模式进行全面系统的效果评估，更多的是尝试总结其创新模式，后期将继续跟踪"医院"的建设效果，以弥补本研究的不足。

农村水利建设的财政中心模式及其嬗变：
从分税制到项目制[*]

胡 亮[**]

摘 要： 随着包产到户政策的推行，水利建设逐渐由人口动员模式转向以财政为中心的建设模式，本文以赣中一个县的案例说明，财政预算制度的变迁也影响了农村水利建设中的资源动员，成为影响水利建设资源动员的最主要因素。在分税制下，乡镇政府负责财政包干，依赖地方财政来支持水利建设，形成乡镇主导的权力格局；农业税费改革后，财政转移性支付成为主要的水利资金来源，上级的要求决定了项目建设和考核的全过程，乡镇政府的积极性被削弱。然而，虽然拥有预算决定权的上级发包部门在项目中占据主导地位，但乡村行政权力格局并没有发生实质性变化，乡村两级政府的关系运作仍然对财政中心模式的运作方式产生影响。

关键词： 水利建设模式 财政中心模式 财税体制 关系运作 权力结构

一 导言

学界有关社会制度和权力结构如何影响水利建设的研究汗牛充栋，

---

* 本文为河海大学中央业务费项目"山水林田湖草沙的生态治理研究"（项目号：230207032）的中期成果。

** 胡亮，河海大学环境与社会研究中心、社会学系副教授，研究方向为环境社会学、生态人类学。

魏特夫、斯图尔德等人的研究表明在不同时期的社会水利实践中，不同的行政权力体制与地方权威体系会影响水利建设的模式。① 在中央集权体制中，国家强制集中资源，进行规模性的灌溉水利建设和维护；而村落社会则往往通过亲族群体或地域组织，进行自组织的水利建设和维护。② 中国传统农业社会形成了以官方为主的中央行政体制和地方精英相互融合的水利建设和管理模式。③ 这些研究表明，水利设施的建设与维护不仅是单纯的技术问题，还涉及复杂的社会运作，具有总体性呈现的社会意义。④

理解这一点，对于认识我国当前农村水利建设的相关问题具有重要意义。包产到户以来，水利建设主要依赖乡级政府财政，辅以"两工"（义务工和劳动积累工）与各类摊派，由于乡村两级缺乏资金，难以动员村民，削弱了水利建设的能力，产生了农村水利设施维护等难题。⑤ 农业税改革后，随着项目资金的增加，农村水利建设有了较大改善，上级财政投入已经成为影响农村水利建设的最重要因素，项目的硬约束特征也影响了乡村两级进行水利建设的积极性，普通村民项目参与度普遍低下。因此，在经费已经成为水利建设的核心因素时，财政预算制度也深刻地影响了乡村的权力结构和公共事务的动员方式，本文将主要对水利建设中的财政中心模式的特征进行分析，并对其社会学

---

① 卡尔·A. 魏特夫：《东方专制主义：对于极权力量的比较研究》，徐式谷、奚瑞森、邹如山译，北京：中国社会科学出版社，1989 年；J. H. Steward, *The Great Basin Shoshonean Indians: An example of a Family Level of Sociocultural Integration*, New York: Routledge, 2022, pp. 101–115.

② 王铭铭：《"水利社会"的类型》，北京大学社会学系，2018 年 4 月 6 日，http://www.she-hui.pku.edu.cn/upload/editor/file/20180406/20180406102050_9360.pdf；莫里斯·弗里德曼：《中国东南的宗族组织》，刘晓春译，上海：上海人民出版社，2000 年。

③ 萧邦奇：《九个世纪的悲歌：湘湖地区社会变迁研究》，姜良芹译，北京：社会科学文献出版社，2008 年。

④ 马塞尔·莫斯：《礼物：古式社会中交换的形式与理由》，汲喆译，上海：上海人民出版社，2005 年。

⑤ 郑风田：《我国农田水利建设的反思：问题、困境及出路》，《湖南农业科学》2011 年第 2 期；陈国岭、张瑜、韩献中：《"两工"取消以后农田水利建设怎么搞》，《河南水利与南水北调》2004 年第 4 期；冯广志：《回顾总结 60 年历程认识农田水利发展规律》，《中国水利》2009 年第 4 期。

意义进行探讨。

二 乡村水利建设模式变迁：由人口中心走向财政中心

从历史上看，如何集中劳力进行水利设施的建设与维护是上至封建王朝、下至村落宗族的核心公共事务，围绕人口动员，形成了几种主要的水利建设与动员模式。

第一种是以国家权力为中心的组织与管理模式，通过从上至下的垂直权力体系，设置专管水务的官员来管理水利。鄂尔泰在《授时通考》中指出："国家司空有总职，水利有专官，省以督之府，府以督之县，而县之陂塘圩堰又莫不有长。重役宪臣之稽查。"①

地方官员要劝诫地方兴农重水利，鼓励士绅动员民间力量兴修水利，并予以褒奖。对于较大规模的水利工程，则通过役使丁夫来实施。比如宋代的地方官员需要每年向皇帝汇报丁役兴修水利事项，"天下水利兴修过若干处所；役过若干人功，若干兵功，若干民功；淤溉到田若干顷亩，增到税赋若干数目……"，②并作为政绩参考。1949 年后，随着乡村集体化的发展，经由国家动员社队大兴水利使我国的农村水利建设达到了高潮。③国家也通过发动群众在农闲时集中劳力进行水利建设和维修，社员出工出力，劳力计算工分，这类制度甚至一直延续至2004 年"两工"的完全取消。④

第二种是以地方自组织为主的动员模式。在这种模式中，士绅、族长往往成为权力的中心，负责发动本乡人民进行水利建设。地方精英通过宗族组织来动员村落成员主动修建水利，血缘关系成为公共事务动

---

① （清）鄂尔泰：《授时通考》，北京：中华书局，1956 年，第 319 页。
② （清）徐松：《宋会要辑稿》，北京：中华书局，1957 年，第 2921~2922 页。
③ 高啸、张新文、戴芬园：《农村水利治理：历史沿革、三维结构与路径选择》，《农村经济》2021 年第 9 期；罗平汉：《农业合作化运动史》，福州：福建人民出版社，2004 年。
④ 郑风田：《我国农田水利建设的反思：问题、困境及出路》，《湖南农业科学》2011 年第 2 期。

员的纽带。[1] 而在华北，杜赞奇也发现，乡村社会中基于认同的象征和规范上的"权力文化网络"，赋予地方宗教精英以权力，形成跨村落组织进行水利建设。[2] 乡村社会内部会形成基于道德与互惠关系的"塘堰"组织、"青苗会"等地方化的水利组织。[3] 在 1949 年后，一部分地方社队干部动员本地社员进行水利建设，诸如"红旗渠"等以乡村为主体建设的水利设施也与国家组织建设的水利设施相辅相成，为我国农村农业的发展奠定了坚实的基础。[4]

通过分析，上述两类水利建设与动员模式的关键抓手都是人口。无论是国家强制或者半强制性的动员，甚至直接征用丁役，或是地方精英运用自身权威来动员，其背后都隐含着权力的运作，合法性来自国家或者地方社会本身。当然，我们也应该看到，上述动员方式背后是乡村社会成员所具有的人身依附关系，一旦这种人身依附关系被削弱，其动员的效果也会大打折扣。

1978 年后，中国社会发生了重大的变迁，包产到户使国家与社队对乡村人口的控制力大幅减弱，人口的自由流动成为普遍现象。在这种大背景下，通过国家和乡村组织直接控制人口流动在制度上已经不可行，也很难通过人身依附关系动员农民兴修水利。当乡村两级丧失了人口动员能力和经济资源时，必然要被新的动员方式所替代。[5] 在市场转型的背景下，人口动员问题转变成经济问题，市场化雇佣劳力已经完全替代了人身依附的权力关系。这使得如何获得水利经费成为村庄水利

---

① 莫里斯·弗里德曼：《中国东南的宗族组织》，刘晓春译，上海：上海人民出版社，2000 年。
② 杜赞奇：《文化、权力与国家：1900-1942 年的华北农村》，王福明译，南京：江苏人民出版社，2003 年。
③ 杨国安：《塘堰与灌溉：明清时期鄂南乡村的水利组织与民间秩序——以崇阳县〈华陂堰簿〉为中心的考察》，《历史人类学学刊》2007 年第 1 期；赵世瑜：《分水之争：公共资源与乡土社会的权力和象征——以明清山西汾水流域的若干案例为中心》，《中国社会科学》2005 年第 2 期。
④ 郝建生、杨增和、李永生：《杨贵与红旗渠》，北京：中央编译出版社，2011 年。
⑤ 毛寿龙、杨志云：《无政府状态、合作的困境与农村灌溉制度分析——荆门市沙洋县高阳镇村组农业用水供给模式的个案研究》，《理论探讨》2010 年第 2 期；陈柏峰、林辉煌：《农田水利的"反公地悲剧"研究——以湖北高阳镇为例》，《人文杂志》2011 年第 6 期。

建设的核心问题，也意味着水利建设背后的人力、资源动员方式和权力组织模式发生了重大的变迁。①

本文把这种围绕经费和预算为主导的水利建设动员模式称为财政中心的动员模式。在这种模式中，水利建设的各种资源均来自各类经费，一定时期的财税体制，决定了水利建设资源获取的来源，而各个乡村如何获得经费就成为水利建设资源（包括人口资源）获取的核心内容，其预算考核的方式也决定了采取何种方式进行水利工程施工建设，以及后续的保养。本文基于赣中 A 县两个乡的案例，分析财政中心动员模式的特征，以及不同时期的发展，以期能够对中国农村水利建设动员背后的机制进行分析。本研究的事实来源于三个阶段的经验与调研，第一阶段为 2000 年至 2001 年，因为工作原因，笔者参与了一个村的水利维修经费的申请和后续维修工作；第二阶段是 2013 年下半年的间断性调查；第三阶段是 2019 年、2020 年、2021 年每年暑假均有短暂走访。

三　田野概况

A 县②位于江西省中部，2022 年底人口约 38.4 万人，辖区属于赣江流域范围，也是鄱阳湖流域的边缘部分，农业区水网密布，赣江支流恩江等重要水系流经 A 县。LG 乡是位于县域北部，一个以农林为主的典型小型乡，辖区面积 128 平方公里，第七次全国人口普查的人口量为 1.6 万人。经过多年建设，LG 乡已经形成了蓄、引、提、灌、堤防工程完善的农田水利系统。这些水利工程使全乡农田有效灌溉面积达 16000 亩，全乡有 10 座库容 1000 亩以上的小（二）型水库、干渠 2 条、支渠 5 条，除了上述主要由国家投资、集体投劳建设的水库外，全

---

① 刘浩军：《农田水利工程建后管理何处着力——江西省永丰县农田水利工程建后管理调查》，《水利发展研究》2010 年第 9 期。

② 本文按照学术规范，对涉及的地名、人名均做了匿名处理。

乡有水塘 90 多口，但随着水库、水陂的大量兴建，水塘灌田逐步减少，有的已经成为自然塘；上述水利设施大部分是人民公社时期由集体兴建而成的。[①]

HQ 乡位于县域南部，是一个以丘陵山地为主的乡镇，第七次全国人口普查人口量为 1.38 万人，辖区面积 144 平方公里，其中耕地面积 1.44 万亩、山地面积 19 万亩、油茶山面积 9 万亩，有塘坝 35 座，辖内无小（二）型以上水库，各村主要靠山泉水和孤江支流灌溉，因此村民家用水井和山泉引水工程就成为主要的水利建设工程。[②] 由于地处偏远，交通不便，全县两个省级贫困村都在 HQ 乡，本文也关注扶贫以来该村的水利建设情况。

两个乡的大部分水利设施修建于 1990 年以前，虽然已经形成了完备的农村水利体系，但是由于缺乏管理维护出现了大量的问题。大部分塘坝、山塘蓄水工程缺乏管理与维护，老化失修。连接村庄的支、毛渠系由砂土垒筑，防渗泡泉技术不成熟，部分坍塌，有的淤塞严重，造成"旱难灌、涝难排"的窘境。相当部分干渠杂草丛生，"跑、冒、滴、漏"严重。2004 年后修建的部分水利设施也出现重建轻管的现象。加之村集体缺乏资金，水费收不上来的现象较为突出，使村集体缺乏水利维修基金。一批工矿企业落户乡村，圈占水利设施，也造成对农村水利设施的破坏。总体上，农村水利建设与维护管养的问题贯穿包产到户以来的各个时期，如何获得水利设施"管、用、保"的资金来源始终是村级难题。

四 乡镇财政掌舵下的水利建设与动员

包产到户后，农村水利建设度过了其发展高潮，1990 年后，国家

---

① 江西省 A 县志编纂委员会：《A 县志（1988—2005）》，南昌：江西省人民出版社，2008年；江西省 A 县志编纂委员会：《A 县志》，北京：新华出版社，1993 年。
② LG、HQ 乡数据来源于 2020 年、2021 年的调查，数据均从乡统计所获得。

决定以农民出"两工"和摊派为主要方式进行农田水利基本建设，利用冬春农闲时节兴修水利。1994年以后，县乡建立了"分税制"的财政结构，除去上缴的国税外，农业税、工商税（含屠宰税）、乡统筹等收入构成最主要的收入来源，乡镇政府对本级财政有较大的决定权，但是总体财力水平普遍较低，导致摊派现象普遍。[①] 除了财政拨款和乡统筹部分外，水利维修经费还包括水费中的60%，用来进行防汛抢险、水土保持以及水利设施的维修。[②] 到2000年前后，各地"两工"制度基本废止，而通过财政经费投入建设成为主要方式，[③] 在这样的背景下，如何从乡政府争取到有限的水利维修经费，成为各个村委会的当务之急。

案例一：青山村驼背河水坝维修

"伸手要钱"

2000年冬天，LG乡青山村也面临如何申请水利经费来进行水利设施维修的急迫现实。虽然青山村的水系发达，整个行政村有大小塘坝十来口，其中20亩以上的有3口，但是这些塘坝多半修建于20世纪六七十年代，功能退化严重，尤其驼背河水坝亟待维修，因为这个水坝直接影响6个村小组800多亩耕地的灌溉与防洪，但水坝被春洪冲垮，灌溉、防洪功能基本丧失。青山村高水生书记在完成秋粮征收任务后，拉上村主任龚小清和乡政府的蹲村干部一道，开始了"要钱"之路。[④]

到了乡政府后，高书记找水管站长袁国勇说明来意，袁站长很理解青山村的处境，但他认为全乡10个行政村13000多人，[⑤] 当时全乡年财政经费才150多万元，全乡一年只有十来万元的水利经费，接近年底早已用完，只能靠上级拨款勉强应付。而且相比其他人口更多的行政村，

---

① 渠敬东：《项目制：一种新的国家治理体制》，《中国社会科学》2012年第5期。
② 江西省A县志编纂委员会：《A县志（1988—2005）》，南昌：江西人民出版社，2008年。
③ 陈国岭、张瑜、韩献中：《"两工"取消以后农田水利建设怎么搞》，《河南水利与南水北调》2004年第4期。
④ 笔者当时为青山村挂职的乡干部。
⑤ 参见2000年五普的人口数。

青山村的问题并不是那么严重。袁站长最后建议他们找分管乡长或者直接找书记、乡长寻求落实。

在水管站吃了"闭门羹"后，高书记认为自己和方乡长更熟悉，因为方乡长是本地出身，20世纪70年代二人还一起到海南学习过杂交水稻种植，但自己和新调来分管青山村的黄乡长不熟悉。向方乡长汇报后，方乡长认为去年已经给青山村修陂拨了一笔钱了，今年又来要，钱也不能全部给青山村。高书记强调不好好修整一下明年会出大问题，最终方乡长还是在申请书上签了字，同意拨款4000元。同时，方乡长告诉高书记一个消息，12月县里要进行一个"心连心走基层"的活动，青山村是县教育局的帮扶村，会派驻一个副科级干部驻村，到时也会带来一些经费。

表示感谢后，高书记又忙了几天跑水管站、财政所办理相关手续。为了能够得到更多支持，高书记邀请财政所所长、水管站站长、常务、办公室主任、蹲村干部一起在圩上吃了一顿工作餐。至此"要钱"工作基本圆满结束，乡里拨款也很快就位。

劳力动员、花钱与考核

2000年12月初，驼背河水坝维修正式开工。驼背河水坝在下丰村内，村主任龚小清是下丰人，所以项目由他来具体负责。由于田间水渠跨度不大，这个水坝宽大约4米（两边坝体总长2米、宽0.5米左右，高大约1.5米，中间需提水时用木条栏连接），需要的土方、水泥、石子不多，村里还有之前维修村小学剩下的现成石子、水泥等材料。因此，根据当时的物价条件，4000元的经费虽然紧张，但是勉强够用。

维修开始后，乡里的蹲村干部发现施工人员大部分是龚主任的家人，泥工是他的父亲和弟弟，担沙的是他堂弟和另一个老党员，他自己主要负责搅拌水泥和砂土，他妻子和母亲负责伙食。龚主任说，因为经费比较紧张，如果请两个瓦工、泥工和几个小工，十几天的人工，村里承担不起，所以就动员家人和老党员来尽义务。至于为什么不派工，让受益户来帮忙。龚主任说，现在几乎不可能无偿干活，请人帮忙需要付钱，村民外出打工多年，给钱干活是一个约定俗成的规矩。

对于龚主任家人义务帮忙，村民也有自己的看法，他们认为，找家里人来修水坝，不是什么义务帮忙，而是肥水不流外人田，人工多少自己说了算。虽然有这些诟病，水坝在陆续维修了十来天之后终于完工。与此同时，县里的"心连心走基层"工作组终于到村，经过争取，驻村的张组长给青山村拉来了一笔10000元的资金，除一部分用来支付村委会的伙食欠款外，分别投入驼背河水坝的维修、村小学围墙加固、学生过河小桥维修。

元旦过后，高书记邀请袁国勇站长过来考核项目完成情况。到现场后，袁站长认为水坝总体上还可以，基本上达到了目标，但是作为水利专家，袁国勇认为坝体不够宽，有条件还是要加固，最后认可了项目的完成情况。

青山村案例表明，在乡镇财政自足的背景下，乡镇政府根据其财力分配各村的水利建设与维修经费，在保证基本公平的原则上分配水利维修经费，各村也根据自己的活动能力等获得额外份额，是一种"既撒胡椒面，又有原则地区别对待"的经费分配模式。而一旦获得经费，由村里"包干"把钱花完，账目比较自由，但票据要合理，一般来说能够顺利通过上级审核。另外，由于经费由乡里分配，村干部普遍认为"会哭的孩子有奶吃"，只要经费不足就向乡里伸手，使其预算呈现"软预算"特征，而乡镇领导就成为拥有最终权力的"婆婆"。

五　常规型项目供给下的水利建设与动员

2004年的农业税改革实施以来，国家对农村水利建设等各类地方建设主要通过项目带动引领，通过以奖代补、项目补贴的方式来引导乡村社会进行农田水利建设，这成为乡村建设的常规做法，是一种典型的项目制。"项目制"是分税制后，通过财政转移支付（一般性转移支付、专项转移支付）满足地方基本财政支出，以及对地方重点工程进行专门资金资助的方式，在农业税改革后开始得到普遍推行，成为一种制度化的做法。① 相比之前普遍的财力不足，一般性转移支付预算方式实施后，地方财政更为稳定，项目资金更为充裕，也减少了各类摊派，但是相比于各地的水利建设资金需求，经费仍旧较为紧张。各村需要通过激烈的竞争，对申请项目进行包装，同时运用各种关系策略，才有可能获得项目经费。

项目制的典型特点是各类"专项"工程资金的供给。LG 乡一位村干部的理解是，所谓"专项"就是上级部门"专门指定使用方向的项目"，其实就是上级划定一个"框框"，制定了入选资格要求，各个村再根据这个框框去做包装，这样才能"抓到包"，拿到项目。对于村而言，项目有两类：一种是中央或省级资金地方配套专项，金额一般比较大，各乡上报候选项目，上级水利等部门确定入选名单，乡、村自主性较小；另一种是水利主管部门掌握专项资金，在乡镇自由申请后"撒胡椒面"式地划拨项目经费。2012 年、2018 年，LG 乡雨山村也进行了两次项目申请。

案例二：雨山村先锋水库申请省级投资项目

雨山村委会辖区内有 1 个小（二）型"先锋水库"，3 个面积 20~50 亩的塘坝，另有其他山塘若干，灌溉 1000 多亩的土地，其灌溉面积涵盖本行政村的 12 个村小组和其他村的 3 个村小组。由于这些水利设施大多于 1978 年前修建，修缮需要较大投入，乡村两级财力有限，只能小规模地修修补补。2012 年，江西省水利厅通过 A 县小（二）型水库除险加固工程专项，工程总投资 4500 多万元，用于对全县的小（二）型水库进行除险加固。基于水利局划定的"框框"："病险""小（二）型""偏远地区"，雨山村干部一致认为先锋水库符合上级要求，但是全乡总计有小（二）型水库 10 座，大部分能进框，面临如此多竞

① 渠敬东：《项目制：一种新的国家治理体制》，《中国社会科学》2012 年第 5 期。

争对手，如何在乡里上报名单中排名前列，几乎就决定了最后是否能够入围。村书记陈兴贵与蹲点的乡人大刘主席沟通，争取他的支持。同时，陈书记向乡党委帅书记表明态度，希望获得他的帮助。

在确定项目申请意向后，陈书记先起草了一个申请书，乡政府说仅有申请书不行，最好是要有附件，比如病险水库的照片、主要问题点的照片、大致的全景照片等，这样材料上报到水利局时会比较有利。材料递交了以后，陈书记又找乡里的书记和乡长汇报工作，由于陈书记与几任乡领导都保持了较好的关系，所以也得到了这些领导的口头支持。陈书记说：

> 其实不仅是我，其他村的干部也会去找乡领导，先锋水库当然是条件最差的，但是不能让乡领导觉得把项目放到先锋水库就是理所当然，去找领导一是获得支持，二是表示尊重，没有他们这个事情办不了。（陈兴贵，2013 年 8 月 30 日）

最终雨山村的申报材料在乡里 4 个申报水库中排在第一位，在报给水利局的名单中占据了有利位置。经过县、市、省三级的审批，全县共有 22 个小（二）型水库中标，先锋水库除险加固项目列入项目名单，水利局是业主单位，资金额为 130 万元。项目于该年 10 月正式施工，项目要进行招投标，选定设计、施工、监理单位，由县发改委来具体实施，雨山村项目的中标单位有两家，都是市里的建设公司。

这种招标方式使项目施工的管理组织与村里脱离关系，业主单位是水利局，项目监理单位通过招标确定，负责项目进度和质量控制。尽管如此，村委会也获得了一些管理费用。陈书记说：

> 立项我们就不用管了，施工队来了以后，工程监理负责监督，省了我们不少事。村里也都有一定的话语权，比如对质量我们也有监督的权利，也要收取他们堆工堆料的费用。另外，村民也可以做

做小工，打打杂，增加一些收入。（陈兴贵，2013 年 8 月 30 日）

经过外来施工队将近四个月的施工，项目顺利完工。由于项目是省水利厅重点项目，2013 年 9 月初，由市水利局和财政局组成的工程建设项目竣工验收委员会实地察看了工程现场，观看了工程建设影像资料，听取了工程建设管理工作报告，查阅了有关资料，工程通过验收顺利竣工。

从案例可知，在项目立项中，发包单位对于资金的用途、对象、分配程序、实施、考核程序都提出了标准，乡镇政府根据上级要求设定入选门槛，而项目硬预算的特征，使乡村两级无从插手经费使用，招标完成后，施工过程也几乎与乡村无关，但是也应该看到，乡镇政府仍旧具有权威。

案例三：雨山村应急型水利项目的申请

除了投资较大的专项外，还有一些应急性专项。由于预算金额机动，这类项目留给乡村两级的空间更大。本文以 2018 年雨山村漕下拦水坝维修项目申请为例说明。2018 年 6 月，山洪暴涨，拦水坝被冲毁，但春耕在即，急需对该拦水坝进行重建。村里估算要投入约 30 万元进行重建。主要的费用包括材料费、人工费。村里自筹 5 万元，尚缺 25 万元。工程总长 21 米，防渗配套渠道 300 米，临时道路 120 米。2018 年底，雨山村干部根据情况，向水利局申请项目经费：①

A 县水利局：

漕下拦水坝位于 LG 乡雨山村，建于 20 世纪 60 年代初期，总长 15 米，高度 3 米，受当时条件限制，该工程用泥浆砌石简单堆

---

① 资料来源于雨山村村委会 2019 年文件汇编，《关于向水利局申请漕下拦水坝经费的报告》复印件。

积而成。该拦水坝为农业发展做出了重要贡献，除了灌溉庙下村小组 150 亩农田外，丰水期也可灌溉袁家、张家、陈家、雨山等村近 300 亩农田，受益人口达 120 多户 600 多人。今年 6 月，由于洪水暴发，拦水坝被冲毁，造成下半年 300 亩农田无法灌溉，农民迫切要求重建拦水坝……经我村预算，需要资金 30 万元。

主要建设与预算内容：……

由于我村经济条件有限，恳请水利局拨款帮助解决。

妥否，请批示

LG 乡雨山村委会

2018 年 12 月 5 日

将申请递交给乡里后，陈书记开始了他的"要项目"之旅。经过驻村干部联系上了水利局的一个副局长后，他和乡领导到县城进行拜访。这位水利局副局长告诉他，因为县里 2018 年的防洪基金基本用完，而中央投资省级配套的高标准农田专项资金很充裕，计划对全县 30 多万亩农田进行灌溉渠系工程改造，所以他建议乡里转换思路，给发改委、农委也各打一份报告，争取高标准农田专项资金。按照这位副局长的建议，乡里给两个部门各报送了一份申请材料，并将"建设高标准农田的有力支撑"等内容加入申请报告。乡党委帅书记也直接给发改委主任打了电话。

帅书记说大家都在打招呼，所以不敢保证一定能申请上，帅书记让村里尽量把材料准备得扎实一点，如果要立项，肯定会下来现场查看，村里做好接待工作。没过多久发改委牵头考察组就来了，这个事情就算是定下来了。（陈兴贵，2019 年 8 月 10 日）

项目最后获批 25 万元。由于项目比较小，乡里仅走了一个简易的招标程序，A 县一个规模很小的 JL 水利建筑公司中标。项目开始施工后，村里主要负责落实施工机械进场、临时占地等问题，并监督施工方的工程进度和工程质量。一位村干部说：

> 现在村里很复杂，施工队的搅拌车、水泥、沙子、砼石要占村民的地，他们要钱，否则要阻工，我们要去做工作，很麻烦。其他的，主要是进度，看有没有偷工减料。（张金岭，2019年8月10日）

由于项目制的预算刚性，村里能够插手的不多。但是根据项目建设规模和投资额，项目实施后地方也有一定的补贴，中央、省补为20%～30%，也就是5.0万～7.5万元，村里可以根据实际情况进行开支。由于实行村财乡管，乡里按照惯例也会有截留，具体金额既要看乡里的惯例，又要看人情和面子。

拦水坝工程投资少，项目内容简单，两个半月后拦水坝和渠系工程都顺利完工，2013年4月，水利局顺利通过了验收。根据奖补政策，奖补的6万元在第二年二季度也顺利打入财政账户，而后就乡村两级占比，乡与村进行了充分协商。陈书记认为，钱过乡里的账，这次截了一半，还是因为自己找乡里领导据理力争，拦水坝的后续维护确实需要经费，否则截留比例更高。

与投资额较大的中央或省级专项不一样，应急型项目同样需要打包的过程，由于经费来源主要是上级掌握的各级专项资金，必须按照专项建设的内容进行项目申请。乡镇的行政权力虽然受到了削弱，但因乡镇联结县级各个部门的行政关系，乡领导与县主管部门领导的个人关系，加上村财乡管的财政政策，乡镇仍旧可以影响村级的项目获得，并且在村级项目审批中发挥主要作用。

六　新形势下"常规+政策型"项目的水利建设与动员

2013年，精准扶贫政策实施。2017年，国家实施乡村振兴战略，

A县各类政策型专项预算增加，农村水利项目也逐渐向部分贫困村倾斜。尤其是随着大量扶贫资金的涌入，相关专项往往要求县域全面覆盖，各村无论自愿与否，相关建设必须纳入项目，其中各级贫困村面临大量下乡项目，农村也迎来了水利项目强供给的阶段，对地方水利建设的组织与动员产生了较大影响。

案例四：贫困村的水利项目建设

HQ乡的溪村是全县唯一的省级贫困村。2013年后，随着精准扶贫政策的实施，溪村村委会通过该政策，进行了各种项目的申请。在项目倾斜的背景下，村干部意识到农田水利相关项目申请难度大大降低。张青山书记说：

> 精准扶贫，我们这里就成了县里的焦点，农田改造、水保、水利、危屋改造、义务教育、绿色旅游、绿色产业、电商支农，各种项目都来了，以前我们盼星星盼月亮，现在项目多了反而不习惯。（张青山，2021年7月23日）

2019年，县引水工程改造向贫困村倾斜，乡里要溪村上报项目。村干部认为送到手的钱也不能不要，选择溪村的山泉水引水管道改造作为申报项目。溪村在2010年为了解决井水偏碱性的问题，利用饮水工程项目修建了一条山泉引水管道，将山泉水引导到蓄水池中，经过简单沉淀过滤净化，再通到溪村。现在这条管道因为年久失修，基本已经废弃，进行维修刚好满足专项要求。

> 我们是7月申请的，结果8月初这个引水改造项目就下来了，项目经费是20万元，要求年内就要花完，而且预算做得很细，要求10月就要花掉50%，到年底要花掉100%，否则剩余经费就要全部收回。（张青山，2021年7月23日）

严格的预算要求和上级对进度的要求，使村委会不得不在项目立项之初就立即动手进行项目安排。根据县里的要求，投资超过一定数额的工程项目必须走招标程序，但是为了赶进度，甚至招标程序都没有走，村委会就选定了施工的建筑老板开工。张书记说：

> 按照规定是要招标的，但是时间太紧了，一个招标程序搞完要一个月，拖不起。所以我们就和老板联系，让他先开工后走程序，甚至没开工，我们就已经把款打到他的账上。虽然有点不符合程序，但是乡里和村里都怕影响预算完成，认可了这个做法。（张青山，2021 年 7 月 24 日）

尽管乡村两级在项目招标、施工赶工期等方面有一定默契，但是村一级面临巨大的技术问题。由于上级要求进行档案建设，并且根据上报的各类报表了解项目实施情况，档案材料的整理也成为村委会的主要工作之一。大部分档案需要进行电子化，而村干部对于 Word、Excel 等办公软件望而却步，大学刚毕业的选调生小王就成为各种档案整理的主力。小王说：

> 档案材料很复杂，每个项目的格式都不一样……比如说这个引水改造项目，首先要填项目报表，这些报表包括十几项内容，你看那个档案袋，厚厚一叠，几十页纸，全是我填的。除了这些文档外，还要把这些内容都录入电脑，还要定期向乡里汇报。除此之外，水利局那边也要求乡里定期上报进度报表等。工作量相当大。最主要的是，我还有其他各种针对建档立卡户的材料要处理……（王鑫，2021 年 7 月 26 日）

档案管理便利了上级对乡镇项目的监督，也节省了上级的行政成本，使项目实施方严格按照计划和进度来实施项目，但是增加了乡村两级的行政成本。以引水改造项目为例，这个项目规模很小，其实不难监督，就是由 PVC 管子连起来不漏水即可，能否进行简单净化，工程是否偷工减料一目了然，但是填写各种申请表格消耗了乡村干部较大的精力。

2020 年 7 月，项目完工正式引水 3 个月后，由县扶贫办、水利局、财政局与乡政府组成的联合验收组对项目进行了验收，验收组在简单查看后就离开了。对此，小王说：

> 看起来好像他们就是走了个过场，实际上每个项目验收背后都是大量的工作，尤其是程序上满足……除了村里，乡里也是各种报表，有的检查项目要十几本厚厚的材料，乡村两级都相当不容易。（王鑫，2021 年 7 月 26 日）

各类项目烦琐的档案和考核工作使村干部和驻村干部疲于应付，对于各种项目的涌入，他们逐渐由积极态度转为消极态度。2021 年 7 月，笔者与驻村第一书记和村主任交流，问起项目事宜，两位干部都认为还是想要为村里做贡献，但是他们也认为应付各种项目检查太累，从个人角度，宁愿项目少一点，对于申请项目也越来越消极，出现了一种矛盾心态，只希望争取可以自己掌握的项目资金。对不好掌握的资金，村干部在心理上不是很欢迎。一位第一书记说：

> 项目管理上太严格……也增加了小王他们的负担，你看小王，整天在电脑前做账，都没有时间找女朋友了。（刘明川，2021 年 7 月 27 日）

从积极转为消极，事实上也表明上级对于村一级在项目管理方式上的重大转变。上级政府部门作为规则制定者和考核方，具有较大的话语权。另外，由于项目制的强供给、硬预算的方式，乡村两级对于各类项目逐渐由积极变成消极，尤其是严苛的程序化、档案化、数字化的管理方式，增加了乡村两级的负担。

七 财政中心模式下的权力逻辑及其嵌入性

财政中心的水利建设方式，将传统上由对人与资源的集中动员，转变为通过财政供给投入来实施水利建设，其核心是如何通过获得财政经费，进而通过市场化的运作雇用施工单位进行水利设施的建设与运营。而这种方式的实施，也受到不同时期有关财税体制的影响，呈现较大的差异，共有乡级财政为主（分税制）方式、常规型转移支付为主方式，以及政策型+常规型转移支付并行三种财政供给方式。

表 1 财政中心模式下的水利建设模式及特征

财政模式	预算特征	建设主体	乡村两级干部态度	权力关系	组织
乡级财政为主（分税制）（2004 年前）	财政能力缺乏、兼顾公平、区别对待、软预算	村级负责建设、无须招标或仅需简单程序	积极	乡镇主导	乡划拨、乡考核
常规型转移支付为主（2004 年至今）	上级投入、地方配套、弱项目供给、竞争抓包、硬预算、刚性	投资高时由县级主管单位招标施工、规模小则由乡村招标施工	积极	上级主导，乡村被动	实施方对发包单位负责，发包单位考核，乡镇协助
政策型+常规型转移支付并行（2012 年至今）	上级投入、地方配套、强项目供给、无须竞争、硬预算、刚性	投资高时由县级主管单位招标施工、规模小则由乡村招标施工	初期积极，后消极	上级主导，乡村被动，乡村共谋	村级被动接包，实施方对发包单位负责

当前，常规型转移支付预算项目和各类政策型转移支付预算项目成为乡村水利建设的主要资金来源，为了拿到这些项目，乡村社会必须对本地的水利状况进行各种修饰与打包，以符合项目"框框"的要求。即使是本村的水利需要与这些公开项目有一定差距时，也会进行相应的包装，以满足发包方的需要。比如漕下拦水坝用的是高标准农田建设

专项资金，HQ 乡的胡书记认为：

> 当前主流的项目是农田水利、水保、土地平整、高标准农田等，村里在申请时尽量往里面靠，先把钱申请下来。说白了，只要是农水，各种项目都是沾边的。（胡伟，2021 年 7 月 30 日）

这种机制也导致了水利建设目标存在一定程度上的偏离，上级忽视了各地多样化的水利状况，而地方上乡、村两级的各类变通、打包的方式，又能够纠正这些偏差，使项目正常落地，如上文所述漕下拦水坝项目与高标准农田的关系建构就是如此。

财政中心模式中的权力逻辑也发生了变化，在财政主导逻辑中，谁出钱，谁就制定游戏规则，即使与乡村实际需求的差距较大，由于数字技术的发展，上级也能够通过划定各类项目资格的"框框"，要求乡、村两级建立各类档案，在刚性的硬预算环境下，对项目进度进行严格把控，并且通过现代通信技术定时或不定时地监督，给乡、村两级以极大压力，乡、村两级不得不花费大量时间满足上级要求。对此，HQ 乡的胡书记说：

> 乡镇现在就是按照上面的要求选项目，根据上面要求搞考核，年终最忙的时候，我们一天要接待三四批验收的工作组，领导接待都要赶场。（胡伟，2021 年 7 月 29 日）

此外，在乡村振兴和精准扶贫的大背景下，掌握大量经费的上级部门经由项目发包，也影响了地方社会的权力格局。各类从发改、水利、扶贫、农业等不同归口单位涌入的经费，提供了大量建设资金的同时，也使得这些部门成为不同项目的"婆婆"。这类项目往往将整个行政辖区内的所有类似水利建设都纳入项目范围，比如 A 县实施的 2021~2025年灌区节水管道建设工程要求全县农田全部覆盖。

这种模式以财政预算考核为工具，要求乡村按照上级意志履行职责，进而实现上级所希望达成的目标。但无论权力技术多么发达，只要存在现实的空间，乡、村两级就存在空间进行协商，达成共识，采取弹性的办法，应付上级的考核，同时减少来自上级的压力。①

财政中心的水利建设模式也并未偏离我国基本的乡村行政体制，并且嵌入乡村的关系格局之中。虽然乡镇政府在农业税改革后经历过短暂的悬浮，② 但在乡村振兴和精准扶贫等战略背景下，乡、村两级行政关系得到了强化。因此，财政中心的水利建设模式仍旧要嵌入这一基本的权力架构之中。村级为了获得项目经费，始终要与乡镇主要领导建立良好的关系。乡村的各类互动关系策略仍旧发挥重要的作用，村干部与乡里主要领导套交情、交流感情，体现了这种关系策略的重要性。溪村的张书记认为：

> 项目再多，村委也是在乡党委的领导之下。没有乡党委和乡政府的支持，上面再多的项目，也不行。（张青山，2021 年 7 月 24 日）

财政中心模式虽然强化了发包方的权力，但是在具体水利项目的建设过程中仍旧可以看到传统人际关系的运作逻辑。乡、村之间由于长期互动，特别是在共同完成精准扶贫任务的过程中形成了紧密的共同体关系，在乡村社会互惠的道德观下，乡村两级干部之间有充分的关系运作空间，水利项目的获取也要依赖这种私人关系，以共同应对刚性项目的运作，实现项目真正落地，并且能够顺利通过考核。

另外，需要看到的是，随着项目发包方越来越远离乡村社会，项目的实施不再依赖动员地方社会成员，而纯粹是围绕预算来实施，从项目

---

① 李立、吴海来、蔡瑜曾：《"合作应对"何以替代"上下共谋"——对春镇基层政策执行的过程追踪》，《社会学评论》2023 年第 4 期。

② 周飞舟：《从汲取型政权到悬浮型政权——税费改革对国家与农民关系之影响》，《社会学研究》2006 年第 1 期。

申请到具体施工，与村民的隔离状态使村民对水利建设漠不关心，认为与己无关，且如此多的外人进入，尤其是项目施工的各种扰民、占地等负面影响，也加剧了项目建设方与村民的冲突，使得水利建设"悬浮"于乡村社会。

八　结论

中国历史上形成的以人口动员为中心的水利建设模式，在包产到户后受到了冲击，逐渐转变成以财政为中心的水利建设模式。由于乡、村两级财力缺乏，难以维护已有水利设施，也出现了水利建设的"重建轻管"等现象。而在从以人口为中心的动员模式向财政中心转变时，水利建设方式也相应发生了变化。在分税制条件下，乡镇政府财政包干，水利建设经费只能依靠有限的地方财政来勉强维持，或者通过"两工"和各类摊派来筹集建设经费和劳力；农业税费改革后，随着国家财政支持力度的不断加大，通过上级一般性转移支付和专项转移支付的方式，乡村各类预算经费逐渐充裕，也改变了各级摊派的现象，上级各类专项转移支付逐渐成为水利建设供给的最主要来源。但是，也应该看到，在乡村的行政权力格局未发生变化的前提下，财政中心模式仍旧要嵌入传统的权力格局，乡村两级的共识，仍旧发挥关键作用，以抵消由于上级政府距离乡村较远导致的项目偏差的后果。尤其乡村两级的关系运作，作为润滑剂，加强了两级的相互依赖，也便利了水利建设项目的顺利完成。

当前，财政中心模式下的水利项目预算的强供给特征，基本上解决了水利建设的经费问题，同时也塑造了一种主要依靠预算监督的水利建设的方式，并与垂直型的乡村动员方式并行不悖。但是也应该看到，由于过多项目的涌入，以及硬预算、档案文书的要求，也导致乡村两级干部的职业倦怠，造成部分项目建设与管理中的形式主义。

从"以财治河"到"以河生财"：城市河流治理中的地方政府及其动力机制分析[*]

从"以财治河"到"以河生财"：城市河流治理中的地方政府及其动力机制分析[*]

刘　敏[**]

摘　要：改革开放以来，随着工业化与城市化的快速发展，我国城市河流问题严峻，治理势在必行。随着生态文明建设上升为国家战略，在自上而下的压力型体制与高规格的政治动员之下，地方政府开始通过河长制等制度创新来整合政府职能和层层加码落实治理责任，并投入了大量人力、物力与财力来进行治理，一种"以财治水"的城市河流治理模式得到推进。然而，基于"强压力-弱激励"的治理情境，由于投入大、周期长、收益慢，"治水伤财"现象突出，地方政府不敢治、不能治与不想治问题突出。在北方大型缺水城市 Q 市 L 河的治理过程中，通过治理理念重塑、发展方式转型及激励机制再造等机制，城市河流治理不断与城市开发建设相结合，不仅成功促进了流域新旧动能转化、城市产业结构转型升级和政府财政收入增加，也有助于地方官员的政绩考核、增加经济激励，"以河生财"的治理模式推动了地方政府治河的内生动力形成。

关键词：城市河流治理　地方政府　动力机制　"以财治河"　"以河生财"

---

* 本文为教育部人文社会科学研究青年基金项目"气候变化下海洋渔民社会脆弱性及其应对研究"（项目号：21YJC840013）的阶段性成果。
** 刘敏，中国海洋大学国际事务与公共管理学院副教授，研究方向为环境社会学、海洋生态文明建设。

一　引言

城市河流是孕育城市文明的摇篮。由于长期以来重发展、轻保护的理念，粗放式的河流开发利用与高强度的污染排放，我国城市河流生态系统受损严重，流域水资源和水环境的承载力不断受到威胁，水体黑臭等问题突出。党的十八大后，经过多年治理与修复，我国城市河流生态环境质量显著改善。与此同时，由于投入大、周期长、收益慢，地方政府治河的内生动力不足，治理效果有待提升。特别是在北方缺水城市，虽然各地政府投入大量人力、物力与财力来治河，但由于水资源禀赋条件先天不足，以及治理手段落后、治污机制不健全等原因，黑臭、干涸等问题难以根治。为此，2021 年 11 月《中共中央 国务院关于深入打好污染防治攻坚战的意见》明确提出要持续打好城市黑臭水体治理攻坚战，系统推进城市黑臭水体治理。

作为北方大型缺水城市，Q 市地表水资源极为短缺。作为该市主城区最大的水系，L 河因长期断流干涸和水体黑臭问题突出而备受社会关注。经过十多年的综合治理，L 河逐渐恢复了往日的活力与生机，水质从 2013 年的劣 V 类上升到 2020 年的 III 类，黑臭水体治理成效显著。与此同时，城市河流治理不断与城市开发建设相结合，成功带动了流域内新旧动能转化与产业结构转型升级，L 河沿岸成为 Q 市独具品牌特色与商业价值的生态、休闲、娱乐、商务产业带，成功打造了"治好一条河，盘活一座城"的典型案例，探索了一套可供借鉴、可推广的北方大型缺水城市黑臭水体治理经验模式。L 河流域综合整治作为中央生态环保督察整改的优秀案例被推荐至中宣部进行正面宣传，Q 市也成功入选全国首批城市黑臭水体治理示范城市。为此，本文关心的问题是，在城市河流治理过程中，地方政府受到了怎样的结构性制约，从而产生不敢治、不能治与不想治的动力机制问题？地方政府又是如何克服这些结构性障碍，从而敢治、能治与想治的呢？要回答这些问题，就必须关注城市河流治理中地方政府的微观行为及实际运行过程。

已有研究多倾向于将我国生态环境治理的成就，归结为地方政府及官员基于自上而下的体制压力，以及同级政府与官员间政绩竞争驱动而展开的治理竞争，提出了"环保资格赛"[①] "治污锦标赛"[②] "为环保而竞争"[③] 等新概念，也进一步检验了"晋升锦标赛"[④] 等传统理论解释框架。然而，虽然中央政府通过以强问责为导向、以绩效达标为免责标准的政绩考核方式，有助于调动地方政府环境治理的积极性，但与"晋升锦标赛"的强激励特征不同的是，环境治理不仅投入大、周期长、收益慢，而且会与短期经济增长目标存在潜在冲突，"强压力-弱激励"的治理情境使得地方政府持续推进治理的内生动力不足。[⑤] 还有学者认为，与官员晋升直接关联的绩效考核仍然是我国环境治理的"牛鼻子"。[⑥] 地方政府在进行环境治理时，也会考虑成本与收益问题，如果治理收益高于成本就会主动执行，而当成本高于收益之时就会出现治理不力，甚至"作假"等情况。[⑦] 为此，如何切实调动地方政府及官员环境治理的积极性和内生动力，成为生态环境治理现代化亟须解决的关键问题。

具体到河流治理，以河长制为代表的河流治理机制创新，在强化层

---

① 黄溶冰、赵谦、王丽艳：《自然资源资产离任审计与空气污染防治："和谐锦标赛"还是"环保资格赛"》，《中国工业经济》2019 年第 10 期。

② 王惠娜：《没有竞争的治污锦标赛：G 市小流域"赛水质"的案例分析》，《学术研究》2020 年第 7 期。

③ 王华春、崔伟、平易：《为环保而竞争：地方政府竞争的新解析》，《兰州学刊》2020 年第 2 期。

④ 袁方成、姜煜威：《"晋升锦标赛"依然有效？——以生态环境治理为讨论场域》，《公共管理与政策评论》2020 年第 3 期。

⑤ 袁方成、姜煜威：《"达标锦标赛"：冲突性目标的治理机制——以生态环境治理为讨论场域》，《清华大学学报》（哲学社会科学版）2023 年第 2 期。

⑥ 涂正革、周星宇、王昆：《中国式的环境治理：晋升、民声与法治》，《华中师范大学学报》（人文社会科学版）2021 年第 2 期。

⑦ 林江、王琼琼、徐世长：《环保激励委托—代理人问题：来自中国环保模范城市的证据》，《中山大学学报》（社会科学版）2021 年第 5 期。

级问责并取得短期积极治理成效的同时，[①] 也产生了诸多意外后果，包括治标不治本的粉饰性治污行为突出，[②] 以及基层政府疲于应付、治理绩效难以为继等制度失灵现象。[③] 还有学者强调，河长制既是流域治理体制应对不足的结果，也是传统体制优势与绿色发展理念汇融的结果，但河长制较为依赖地方党政领导的重视，河流的长效治理需要完善相关激励制度来激发地方政府及官员的内生动力。[④] 为此，在自上而下的压力型体制之下，如何兼顾或统合经济增长与环境治理的冲突性目标，仍然是改善当前河流治理模式绩效的重要范畴。由此引发的问题是，在"强压力-弱激励"的治理情境之下，地方政府及官员的内生动力如何被激发并能够持续推进河流治理的问题。

地方政府在过去十多年来的生态环境治理与高质量发展的过程中扮演了极为重要的角色，而且，地方政府及官员围绕生态环境治理而进行的激烈竞争与绿色发展转型，也无疑构成了人与自然和谐共生的中国式现代化建设的鲜明特色。在此背景下，如何理解环境治理中地方政府及官员的激励机制或内生动力机制，以及由此产生的广泛影响，也成为剖析地方政府环境治理机制和我国生态环境治理机制的关键。本文以 Q 市 L 河成功治理的经验为案例，探讨地方政府及官员内生动力激发的可行机制，为其他地区的城市河流治理及其他领域的生态环境治理的制度创新提供理论依据。

本文的经验材料，主要来自笔者对 L 河治理所进行的实地调查和档案文献资料收集。作为 L 河流域的生活者和治理的受益者，笔者对 L 河治理进行了长期的参与式观察。为了更好地获得资料，笔者在 2022 年

①　熊烨：《跨域环境治理：一个"纵向—横向"机制的分析框架——以"河长制"为分析样本》，《北京社会科学》2017 年第 5 期。
②　沈坤荣、金刚：《中国地方政府环境治理的政策效应——基于"河长制"演进的研究》，《中国社会科学》2018 年第 5 期。
③　陈涛：《治理机制泛化——河长制制度再生产的一个分析维度》，《河海大学学报》（哲学社会科学版）2019 年第 1 期。
④　曹新富、周建国：《河长制何以形成：功能、深层结构与机制条件》，《中国人口·资源与环境》2020 年第 11 期。

4 月至 2023 年 4 月，对 30 余位治河工作人员进行了半结构化访谈。访谈对象包括 Q 市 L 区城市建设管理局及下辖河道办的负责人、工作人员，L 河沿岸社区的村级河长，以及负责 L 河日常管护的园林公司与环卫公司的相关工作人员等。此外，笔者广泛收集了 L 河治理的河流治理规划与实施方案、河长制及工作考核情况报表等相关治河文档，能够较为全面和系统地理解城市河流治理中地方政府及官员的动力机制。

二 压力型体制与"以财治河"的治理困境

（一）压力型体制与地方政府的治河驱动

城市河流问题并不是一个新问题。在《乡土中国》一书中，费孝通就以苏州城河流污染为例，来讨论公私边界不清及公共事务治理困境问题，进而提出著名的"差序格局"论断。[①] 改革开放后，随着城市化与工业化进程的加快，我国各地河流污染加剧。[②] 然而，在以经济建设为中心的主流话语之下，河流治理难以引发政府及社会的广泛关注。[③] 由于城市河流治理涉及范围广，流域工矿企业及生活者众多，不仅需要跨区域、跨部门的协同治理，而且需要实施污染企业搬迁和旧城改造等项目，投资大、风险高，这使得地方政府长期处于一种不敢治、不能治与不想治的状态，启动城市河流治理时也是慎之又慎。

城市河流治理是一个长期而持续的过程。对城市河流治理而言，污染问题的形成过程是常年累积的，治理的效果也并不会马上表现出来，可能在前任领导干部离任很久后才会显现，这不仅造成了河流污染问题的领导干部责任因时间上的滞后性而难以界定和追究，也影响了地

---

① 费孝通：《乡土中国》，上海：上海人民出版社，2007 年，第 25 页。
② 陈阿江：《从外源污染到内生污染——太湖流域水环境恶化的社会文化逻辑》，《学海》2007 年第 1 期。
③ 周晓虹：《国家、市场与社会：秦淮河污染治理的多维动因》，《社会学研究》2008 年第 1 期。

方政府河流治理的积极性。为了尽快取得效果，地方政府倾向选择简单、易实施的人工手段，如河道清淤、临时截污、生态补水等治标不治本的方式来完成整治达标任务，"头痛医头、脚痛医脚"的碎片化治理方式导致水体返黑返臭问题频繁重现。

党的十八大后，随着生态文明建设重要性的不断提升，"铁腕治污"成为常态，地方政府层面的城市河流治理得以迅速推进。一方面，由领导干部组成的工作领导小组与河长制，是治河任务指标逐级分解与责任压实的主要工具。这不仅是对"九龙治水"的河流"碎片化"治理困境的组织回应，也是围绕河流污染治理这一核心任务来重新整合"条""块"力量，搭建应对复杂水问题的结构性框架，为摆脱科层组织的协同困境以及任务型组织的延续性困境提供了新的可能。① 另一方面，基于一种自上而下的压力传导和层层加码逻辑，地方政府通过逐层签订目标责任状和逐层明确责任清单与任务清单，以及逐层分解考核指标和逐层传递排名压力、限批压力及问责压力等机制，将环境治理的任务和压力，传导到基层政府及官员。②

自 2016 年底中共中央办公厅、国务院办公厅印发《关于全面推行河长制的意见》，并确定了全面推行河长制的任务表、路线图后，2017年 4 月，Q 市率先在省内全面实行河长制。L 区政府也成立了 L 河流域综合整治领导小组和河长制办公室，并建立了"区—街道—社区"河长体系，每个河段划分河长，河段长定期巡河，巡河工作务必落实到位，定期对河段长的各项工作进行考核与排名，根据排名予以奖惩。河长制等工作机制，有助于从体制层面上解决部门分割和制度目标冲突等问题，促进了相关部门的治理机制协同，包括通过河长制办公室来协同城市建设管理局、综合执法局、生态环境局、自然资源和规划局等成

---

① 熊烨：《跨域流域治理中的"衍生型组织"——河长制改革的组织学诠释》，《江苏社会科学》2022 年第 4 期。

② 陈涛：《压力传导及其非预期性后果——以霾污染治理为中心的讨论》，《中国地质大学学报》（社会科学版）2018 年第 1 期。

员单位召开会议和解决河流治理的重要工作，从而完善政府主导型城市河流治理工作机制。

随着地方政府的工作重心逐渐从追求目标相对明确、易操作和易评估的"显绩"，到开始兼顾生态环境保护与民生福祉提升等民众诉求强烈的"潜绩"，其工作任务和主体责任不断下移。为了更好地促进基层官员推进生态环境治理，地方政府通过河长制工作简报等环境监督方式，借助绩效考核来套紧基层官员推进河流治理的"紧箍咒"，从而避免基层不作为、慢作为，以及敷衍应对和弄虚作假等行为。作为治理主体，L区河长制办公室每个季度会对河长"抓街道、促社区"的工作情况进行考核，从而将河道管理保护任务细化到沿河每个街道、落实到每一位河长身上。

河长制考核主要分为两个部分，扣分项和加分项。扣分项是一种反向激励和惩罚机制，主要是对主责主业进行考核，包括综合巡河率、河长制办公室督办事项落实情况，以及管辖范围内是否发生乱占、乱采、乱堆、乱建的"四乱"现象等。以综合巡河率为例，90%～100%，扣1分；80%～90%，扣3分；70%～80%，扣5分；60%～70%，扣7分；低于60%则直接约谈街道领导。加分项则是一种正向激励与肯定机制，主要是对主责主业以外的工作任务进行考核，如积极开展河长制工作并报送相关工作信息、主动开展河长制宣传，以及参与省级美丽示范河湖建设、在社区公益性岗位中设置河管员等，都可以根据绩效获得相应加分。

根据考核结果，区政府每个季度会对排序靠前的优秀河长给予表彰奖励，对排名考核靠后的河长进行约谈并给予通报批评。这样一来，河长制不仅成功将治河责任与任务进行分解和压实，而且将政府竞争常态化。这使得各街道的书记、主任及社区河长不仅时刻感受到来自上级的压力，也能够感受到同级竞争的压力。在河长制的实践过程中，由于正向激励与反向激励同时存在，肯定机制与惩罚机制同时生效，这样一来，沿岸街道和社区的主要领导干部，都必须参与到治河及相应竞争过程中。他们不仅需要完成河长制的主责主业，也需要留意、学习、模仿，甚至是超越同级政府及官员的治河举措，从而强化了层层加码的竞争氛围。

在 L 区的河长制实践中，区政府会将街道河长制工作考核结果，作为街道年度考核等次，以及基层公务员年终绩效奖、评先评优、提拔重用、职级晋升推荐等重要依据。与此同时，基层工作人员也意识到，在中央政府三令五申，市区两级政府也成立了专门的领导小组和河长制办公室的背景下，由于领导对于治河事务的高度重视，治河成为街道的中心工作任务。为此，他们不再像过去一样敷衍了事，而是时刻绷紧巡河和治河的"发条"，避免出问题，治河开始在基层政府层面常态化和制度化。

（二）"治河伤财"与地方政府治河动力不足

虽然河长制有助于明晰和落实地方政府及官员的治河责任，但城市河流治理涉及面广、成因复杂、影响人口多，具有长期性、反复性等特点，是一项艰巨、繁重又持久的工作。对基层政府官员而言，他们并非只承担治河这一生态任务，而是面对经济发展、安全生产、社区治理、社会稳定及民生福祉供给等多重任务。

国家通过完善绩效考核、进行环保约谈、加强资源环境审计与强化行政问责等方式，有助于强化基层干部的治河责任。基层政府有大量30 多岁的普通干部，他们是政府治河的主要力量。由于年龄的限制与晋升机会有限，对这些干部而言，在缺乏有效的内部激励的情境下，其治河的动力并不强，"多一事不如少一事""不求有功但求无过"等心理突出。

进一步的实地研究显示，各地城市发展状况、流域范围、水文特征，以及河流周边产业、人口聚集状况有所不同，造成了河流污染程度及治理手段的差异，从而影响了河长制的治理绩效。L 区总面积约 99.1平方公里，L 河流经该区 4 个街道 17 个社区，流域面积超过 30 平方公里。L 河流域也是 L 区的工业、养殖业及人口集中区，生产生活污水排出量大。加之 L 河属于典型的北方季节性河流，冬春季节因降水少而断流的现象突出，河流生态系统脆弱，河道常因难以得到雨水冲刷而淤塞黑臭，治理难度相对较大。

由于 GDP 总量较低、地方财政收入水平不高，L 区发展压力大，能够投入治河的财政资金有限，在自上而下的体制型压力下，地方政府往往会选择开展一些类似河底污泥处理及河道生态修复等治标不治本的"面子工程"。这些"去存量"工程之所以被地方政府优先考虑，主要是因为，城市河流污染是长年累月的结果，治理难度相当大，而河底污泥处理及河道生态修复能够较少涉及流域污染企业搬迁与旧城拆迁，相对容易执行，且短期能够见到显著成效。地方政府虽然也明白河道治理与经济转型的重要性，并采取了一些相对"治本"的污染"减增量"措施，包括通过关停并转等措施来削减工业、养殖业污染负荷，以及实施城中村改造和建设污水处理设施等措施来减少污水排放，但由于河道周边企业、房屋及生活人口密集，征地拆迁和产业转型体量大、难度大、周期长，这导致城市河流治理进展缓慢，不仅污染的"存量"问题难以解决，而且"增量"问题持续发生。

在自上而下的压力型体制下，一种"以财治河"的治河模式得以形成和推进。在 L 河治理过程中，不仅清淤截污、管道铺设、污水处理厂建设等在内的治河工程项目需要用到大量先进技术、专业人员以及高端设备，而且河道沿岸的污染企业及商户搬迁，以及河流沿岸的旧村拆迁改造与城市更新等，也需要投入大量的人力、物力与财力。"以财治河"有助于迅速推进城市河流治理，但也带来了巨大的财政压力。仅 2013 年到 2018 年，L 区政府就投入了接近 30 亿元来对 10 余公里的 L 河中上游进行改造，而直到 2018 年，L 区的区级一般公共预算收入才首次突破 100 亿元。

为了能够尽快实现整治目标，L 区政府开启了大规模的工业企业搬迁。先后搬迁企业超过 50 家，涉及的职工人数将近 4 万人。在这些搬迁的企业中，包括泡花碱厂、风机厂、硅胶化工厂等十几家化工、发电等企业，都是 L 区的纳税大户。骨干税源企业的数量减少，使得 L 区的财政收入增长也面临压力。虽然地方政府也意识到通过生态环境治理推动高质量发展的重要性，但面对繁重的治河任务与巨额资金投入，地方政府需要应对"没钱治""亏钱治"等新难题，"以财治河"模式面临挑战。

承前所述，随着生态文明建设的重要性不断凸显，地方政府也通过河长制等制度创新，来整合政府职能，层层加码落实治理责任。然而，由于城市河流治理牵涉面广、涉及的产业和人口多，需要地方政府投入大量人力、物力与财力来进行生态修复和保护，并通过工厂搬迁、村改居和老旧城区拆迁，以及污水处理厂建设等来减少污水排放，"以财治河"最终因"治河伤财"而不可持续，地方政府不敢治、不能治与不想治的传统治理困境并未得到解决，城市河流治理也陷入了"污染—治理—再污染"的困境。为此，如何提高地方政府治河的内生动力、实现河流治理动力机制由压力型向动力型的转变成为当前阶段推进城市河流可持续治理的关键。

三 机制的转变与"以河生财"治理模式的形成

严格的问责考核机制是河长制在中国取得成功的关键。[①] 然而，在严格问责考核机制之下的河长制实践及"以财治河"模式本身，也蕴含了财政风险及官员治河的内生动力不足等问题。对于地方官员而言，虽然借助城市河流治理来向上争取项目和财政资源，也是缓解"治河伤财"的渠道和提升政绩的途径，但相比企业搬迁和老旧社区拆迁所需的巨额资金，以及这一过程可能带来的财政风险和社会治理风险，向上讨要项目、政策和资源显然并不能够有效解决治河的动力机制问题。

---

① 王亚华、陈相凝：《河长制实施进展的评价与展望》，《中国水利》2021 年第 23 期。

基于河长制等治河工具，虽然地方政府依然强调发挥政府对城市河流治理的主导作用，但由于基层政府及官员对治河缺乏动力，河长制对城市河流治理的组织能力、动员能力和回应能力被削弱。在"重压之下"，地方政府开始因地制宜地寻找自我解压方式，不得不通过转变治理机制来寻求城市河流的可持续治理之道。

近年来，高质量发展成为L区生态环境治理的核心原则。对L区这样的老工业城区而言，在与Q市其他城区的城市发展差距，及来自"以财治河"过程中产业转型与财政增收困境的现实压力叠加的背景下，如何将城市河流治理不断与城市更新及城市开发建设相嵌套，不仅源于地方政府应对中央政府的环境规制及压力型体制的被动应对，也是提升城市竞争力与官员政绩的主动措施。为此，L区高质量发展的重点，便是通过城市河流综合治理，来实现流域内新旧动能转换、产业结构优化与城市开发建设，一种"以河生财"的治理模式也得以形成和发展。

（一）"以治促建"与政府治理理念重塑

随着我国经济由高速增长阶段转向高质量发展阶段，地方政府也由GDP竞争转为高质量发展的竞争，从而带来了包括城市河流治理在内的地方政府生态环境治理机制的转变或转型。2023年3月，Q市将L河流域生态环境综合治理和开发建设列为城市更新和城市建设第十大攻坚行动，明确提出治理和开发重点是将河流治理与城市更新建设相嵌套，L河治理也进入"生态—生产—生活"一体化利用的新阶段。随着城市河流治理与城市高质量发展的不断结合，地方政府的治河模式，也已由"以财治水"的体制压力驱动，逐渐转向"以河生财"的内部经济激励。

由于水资源稀缺，在北方地区，人与河流、城市与河流之间，历来就是相互依存的关系。在高质量发展理念的指导下，"以河生财"模式的形成，就是地方政府发展观念与发展职能转变、污染企业转型升级与城市更新、周边民众参与治理、生态与发展利益共享的社会过程。也就是说，"以河生财"不仅体现在城市经济增长与地方政府的财政收入增加上，而且体现在经济增长质量、社会发展福祉与民生利益保障之上。这样一来，城市河流治理不再是为了"完成任务"，而是成为地方政府推动城市经营与发展，增强自身竞争力的主动行为，极大地提升了地方政府治河的信心与动力。

为了解决"以财治水"所带来的"治水伤财"及地方政府不敢治、不能治与不想治的治理困境问题，L区政府并未直接通过常见的治河方式，而是在变化的制度环境与城市高质量发展任务情境中主动适应治河需要、调整治河手段，实现了一种"以治促建"的治理理念重塑。一方面，L区政府通过开展河道生态修复工作和完善长效管护机制，并结合海绵城市建设与民生福祉提升，打造了一批高品质的绿地和公园，从而充分发挥城市河流的生态服务功能和民生福祉功能；另一方面，L区将河道治理与新旧动能转换及城市高质量发展相结合，一批污染企业得以搬迁和整治，传统产业得到优化升级，一批绿色产业实现加快发展，沿河一批高品质住宅小区、商业项目依河而兴。

随着城市河流治理成为"经营城市化项目"，房地产业、高新技术产业等，也逐步代替了化工等传统产业，成为地方财政收入的新增长力机制。① 基于流域生态环境综合治理与开发的"以河生财"模式，成为城市建设、城市更新及城市高质量发展的主导战略。到 2019 年，L河的工业废水排放量、化学需氧量和氨氮排放量分别比 2000 年下降了53.91%、87.75%和89.88%，② 说明L河持续治理在河流生态修复、河流水质改善方面取得了显著成果，有效化解了"治反复、反复治"难题。

---

① 参见折晓叶《县域政府治理模式的新变化》，《中国社会科学》2014 年第 1 期。

② Minghui Zhang et al. "Water Quality Change and Pollution Source Accounting of Licun River Under Longterm Governance," *Scientific Reports*, Vol. 12, No. 1, 2022, p. 2779.

（二）"以治促转"与城市发展方式转型

"以河生财"是一个政府职能转换与市场激励功能激发的双重创造过程。一种持续有效的城市河流治理模式，需要从"层层加码"的压力型体制中脱离而来，因为这有可能缺乏足够的激励来推动地方政府持续治河。在环境治理过程中，地方政府既要绿水青山，更要金山银山，为此，其内生动力机制的激发，必须靠经济社会发展来保障。在高质量发展理念下，经济社会发展的关键任务，无法绕开生态环境治理与生态效益的提升。对地方政府而言，真正的动力在于，城市河流治理如何有效激发城市建设与发展动力，来解决"治河伤财"与动力机制失灵的"以财治河"模式的问题。

地方政府是否持续推进城市河流治理的关键，既取决于河流治理与城市发展的协同，也取决于相关政策的力度。随着"以河生财"治理模式的形成与发展，地方政府意识到，城市河流治理不能简单停留在对包括养殖场、化工企业在内的污染企业限产、停产整顿等传统治理路径上，这不仅会影响地方经济社会发展和地方财政收入，也不符合高质量发展理念的基本主张。为了通过城市河流治理推进城市更新和城市建设，地方政府不断通过引导污染产业转型升级与绿色低碳产业发展，来推动河流治理、生态保护与绿色发展。这样一种发展路径在满足河流修复与保护的同时，也保障了地方财政收入，制造了"绿色 GDP"。

在"以河生财"的治理实践中，为了更好地促进城市建设与发展，地方政府支持周边企业、商户的发展及转型，并非单方面决策，也并非主要为了河流污染治理，而更多是与相关企业、商户密切合作，共同想办法解决河流污染治理与企业长期发展所面临的瓶颈，一起面对高质量发展而做出的适时调整。基于"以河生财"，一方面，地方政府与河流周边主要商户、企业结成增长联盟，如通过在河边建设现代化的综合性市场，来安顿作为主要污染源的河道集市商户，帮助其整体搬迁。另一方面，在污染企业关停并转的基础上，地方政府在原址上建设数字经济园区等新工业园，来实现"腾笼换鸟"和减少污染源。此外，由于政府财政资金有限，为了拓宽筹资渠道和做好资金保障，L区政府通过由市政府代为发行地方政府债券等方式，积极拓宽筹集资金渠道，规范PPP项目运作，广泛吸引社会资本参与L河流域生态环境综合治理与城市开发建设和运营，从而保障流域生态环境综合治理与城市开发建设的协同推进和顺利进行。

在实践过程中，"以河生财"治理模式承担了城市建设与发展的职能，必然涉及人才引进和招商引资，也必然与辖区内企业一起围绕高质量发展及产业政策转型而密切合作。在人才吸引力成为城市高质量发展关键因素的背景下，"为人才而竞争"成为地方政府提升竞争力的关键举措。[①] 与此同时，城市生态文明建设与生态福祉的提升，对吸引劳动力流入有显著促进作用，劳动力倾向于流向生态环境好的城市。[②] 随着"以河生财"模式的形成与发展，得到修复和保护的城市河流，对改善城市人居环境和提升城市品质发挥了重要作用。在各地招商引资和人才引进政策力度都加大的情况之下，这种独特的生态环境和人居环境优势，也逐步转化为L区强大的人才吸引力。

如今，L河边上新修建的数字经济园区，已经成为L区乃至Q市吸引高层次人才和高端投资的重要载体，包括院士工作站、海外人才离岸创新创业基地等一批平台，已经吸引了大批专业技术人才。2017~2021年，L河上游的数字经济园区共吸引各类人才超过5.5万人，落地多个超百亿元项目，流域内国家高新技术企业数量近400家。各类高端企业与人才的入驻，不仅为L区的新旧动能转换、产业创新和集群发展提供了重要支撑，也为L河流域生态环境综合治理提供了保障。

① 赵全军：《"为人才而竞争"：理解地方政府行为的一个新视角》，《中国行政管理》2021年第4期。

② 张海峰、林细细、梁若冰、蓝嘉俊：《城市生态文明建设与新一代劳动力流动——劳动力资源竞争的新视角》，《中国工业经济》2019年第4期。

（三）"以治促升"与官员激励机制再造

在高质量发展评价体系不断建构和完善的新形势下，高质量发展绩效成为影响官员晋升的重要因素。政府官员的考核机制中环保绩效不断被强化而经济绩效影响力减弱，环境治理作为一种"可视性"绩效①可以推动官员晋升，对政府官员产生极大的激励作用。2020 年 10 月，中共中央组织部印发《关于改进推动高质量发展的政绩考核的通知》，明确提出"高质量发展综合绩效评价是地方各级党政领导班子和领导干部政绩考核的重要组成部分，要对应创新、协调、绿色、开放、共享发展要求，精准设置关键性、引领性指标，实行分级分类考核，引导领导班子和领导干部抓重点破难题、补短板锻长板"。随着高质量发展下政绩考核机制的变化，城市河流治理聚焦推动高质量发展、优化政绩考核内容指标，成为地方官员主动治河与持续治河的"指挥棒"。

虽然环保绩效考核作用的发挥受到地方经济发展水平与官员个人特质的影响而呈现差异，但这一方式对地方政府及官员的行为产生了显著影响。② 对 L 区而言，随着河流域生态环境综合治理上升为城市重点任务和攻坚行动，基于区域特点，河流治理及由此带来的城市高质量发展，在某种程度上也拥有了类似"GDP 锦标赛"的特征。在年底政绩考核中，区政府也突出考核服务高质量发展和强调 L 河流域生态环境综合治理的实际成效，并制定了相应的河长制绩效评价考核办法。在年终考核中，对于河湖综合整治成效显著、季度排名靠前的街道，不仅担任河长的领导干部会得到相应的绩效奖励，而且其单位内所有成员都会获得一定的经济奖励。

虽然环保考核的重要性得到彰显，考核指标相对合理，考核方式也相对有效，但经济绩效依然是地方政府政绩考核的重点，环保绩效可能

---

① 吴敏、周黎安：《晋升激励与城市建设：公共品可视性的视角》，《经济研究》2018 年第 12 期。

② 易承志、王艺璇：《财政分权与官员晋升如何影响地方政府环境治理？——基于文献的分析》，《公共治理研究》2021 年第 5 期。

仅在一定的问责考核机制下对基层政府的河流治理形成强激励。为了实现激励相容和提升基层干部的治河动力，在 2023 年 L 河流域生态环境综合治理上升为 Q 市城市更新和城市建设攻坚行动之后，L 区政府成立了攻坚行动指挥部，由区政府主要领导担任指挥部领导小组成员。指挥部的工作队成员大多是从各职能部门、街道办事处抽调的青年干部和骨干力量。在动员过程中，领导们除了强调河流综合治理对 L 区城市高质量发展的重要意义之外，也会强调攻坚行动对青年干部成长的重要意义和积极影响。作为城市更新和城市建设的攻坚任务，在领导的重视之下，相比于常规工作，治河更容易做出成绩和获得奖励，甚至有遴选、调入机关和直接提拔的机会，这直接激发了青年干部的治河动力。

政治晋升激励可以作为对河流治理成效显著的官员工作上的肯定，是对治理绩效突出的政府官员工作付出的回报，可以促使其在未来的工作中更加努力。这样一来，对城市河流治理成效突出、高质量发展绩效显著的政府官员予以晋升，可以发挥榜样的示范效应，通过树典型来激励其他官员努力治河。此外，相应官员的晋升，也意味着其工作能力得到上级政府的认可与肯定，将其提拔到更重要的岗位上有助于其在更广阔的平台上激发潜力，继续发挥特长，推广成功的治河经验，推动城市河流更有效地治理。

相比年轻干部，街道办事处有许多年纪较大、资历较老、缺乏晋升动力的干部。受基层政府干部"科级天花板"效应的影响，[①] 对这些干部而言，他们往往缺乏晋升空间与晋升预期，政绩激励下的治河动力往往较弱。在这样的背景下，生态福利与经济激励代替晋升激励而发挥重要作用。首先，随着 L 河河道治理的推进和生态环境的改善，L 区成为宜居宜业的绿色生态城区，许多基层官员将家安在了这里，从而成为 L 河周边社区的生活者。对他们而言，治河本身就是家园营造的重要部

---

① 陈家建、赵阳：《"科级天花板"：县域治理视角下的基层官员晋升问题》，《开放时代》2020 年第 5 期。

分，而不断改善的居住生活品质和保值升值的房产，则会进一步提升基层官员治河的"获得感"。其次，河流治理与城市更新建设所带来的新旧动能转换和城市经济实力的增强，使得基层政府的可支配财政收入提高，基层干部的工资津贴补贴等经济收入得到进一步提升，甚至显著高于其他行业。最后，为了推进治河这一城市开发建设的攻坚任务，L区政府也完善了与职责相适应的考评体系，治河绩效与街道的年终考核和绩效发放直接挂钩，考核结果优秀的干部会获得奖金等物质奖励，而年度绩效考核排名落后或不合格的干部不仅奖金收入会受到影响，而且会接受诚勉谈话等处分，这在无形之中激励了这些缺乏晋升动力的基层干部持续推进治河行动。

整体而言，政绩激励、生态福利与经济回报，在一定程度上形塑了基层官员治河的激励机制，同时也维系了城市河流治理的工作负荷与官员激励的关系均衡。与自上而下的政府主导型河长制及"以财治河"模式不同，"以河生财"模式创造了一种自下而上、具有内生动力的城市河流治理机制。"城水共治"不仅提升了政府的治河能力，也促进了城市更新和高质量发展，"城水共生"与人水和谐使得治河成为基层政府的自觉行动。

四　结论与思考

由于工业化与城市化进程中不断加剧的城市河流污染问题，城市河流治理是世界范围内现代化进程中都需要解决的难题。作为一项起源带有"危机-应对"特征的环境政策创新，河长制对城市河流治理起到了很大作用。在环保压力下，地方政府投入大量人力、物力与财力来进行城市河流治理，"以财治河"的模式得以形成和推进。然而，由于投入大、周期长、收益慢，基于一种"强压力-弱激励"的治理情境，"治河伤财"使得地方政府不敢治、不能治与不想治问题突出，传统的"以财治河"模式难以为继，地方政府也纷纷谋求治河模式创新。

基于 L 河流域生态环境综合治理与城市开发建设的案例研究，本文提出"以河生财"的治理模式，以解读地方政府治河的动力机制及高质量发展理念下的新趋向。在"以财治河"所带来的"治河伤财"的制度环境之下，地方政府通过"以河生财"来回应自上而下的治河任务。"以河生财"的核心特征就是，在尊重城市河流的自然规律和保护城市河流的自然特性的基础上，让城市河流治理与地方政府的城市发展目标、官员的政绩需求及人民群众的美好生活需要不断结合起来，从而实现激励机制的完善，强化地方政府及官员的治河动力，构建治理网络，实现促进高质量发展的任务。但这种治河模式的形成，并不是建立在压力型体制之下的政治支配关系，而是通过内生性的治河动力，来实现从投入型的治理机制到产出型的治理机制的转变，进而实现一种城市河流治理机制的转换或创新。

本文有助于思考在"强压力-弱激励"的城市河流治理情境下，如何建立和完善地方政府环境治理的有效激励机制，从而有效解决地方政府不敢治、不能治与不想治问题。就生态环境治理现代化而言，机制上的创新远比体制性改革来得容易。在"不变体制变机制"的生态环境治理体制之下，[①] 许多地方政府对河长制的移植，大多仅取其形，从而在结合当地河流治理需要及经济社会发展需要的结构性制约框架之下，来试图实现本土化改造和取得实质性效果。作为河长制的一种实现路径，"以河生财"既是地方政府为破解"以财治河"模式难以为继的难题的需要，也来自城市高质量发展的制度驱动，既维持了现有河长制的基本制度框架，又不涉及根本的压力型体制变革，而是激发地方政府及基层官员的内生性治河动力。这一模式通过治理理念重塑、发展方式转型及激励机制再造等路径，不仅体现了地方政府降低治理成本和提升治理收益的考虑，也带动了产业转型与城市建设，蕴含了党委领导、政府主导下的生态环境治理体系和治理能力现代化的制度逻辑及机制创新。

---

① 　陈涛：《不变体制变机制——河长制的起源及其发轫机制研究》，《河北学刊》2021 年第 6 期。

　　本文对加深有关高质量发展下的城市河流治理与城市开发建设的理解，也具有现实意义。党的十八大以来，中央高度重视高质量发展对生态环境治理工作的引领功能，习近平总书记提出了"绿水青山就是金山银山"等一系列重要论述。生态环境治理与经济社会发展的不断结合，也已经成为人与自然和谐共生的中国式现代化建设的重大命题之一。本文的政策启示在于，基于高质量发展理念，要推动城市河流治理与城市开发建设的结合，更好地推广"治好一条河，盘活一座城"的"以河生财"成功经验，从而充分调动地方政府及基层官员在城市河流治理中的积极性、主动性和创造性。

环境正义视角下的石羊河流域治理之道[*]

谢丽丽　康力心[**]

摘　要：在当前人与自然和谐共生现代化建设的背景下，流域治理中的环境正义问题变得越来越重要，在水资源严重受限的内陆河流域尤是如此。2007年开启的石羊河流域治理始终围绕作为生态环境系统和促进经济社会发展的核心与基础——"水"来展开，治理的突破口和着力点主要是缓解人水矛盾和上下游用水冲突，使流域迈向人与自然的和谐共生及上下游的协同共赢。本文从环境正义视角构建了分析框架，深入阐释石羊河流域治理取得良好成效的内在机理。石羊河流域治理实践重构了用水秩序，实现了人与自然种际正义和上下游地域正义，是环境正义型治理。在此过程中，环境承认正义是前提条件，环境制度正义是重要保障，环境分配正义是核心关键，三个层面相互影响、形成合力，共同促成了石羊河流域治理之道。探究环境正义型流域治理的机理和路径，既可以丰富流域治理和环境正义理论，也可以为大江大河治理实践提供经验借鉴。

关键词：石羊河流域　水资源危机　环境正义　流域治理

一　问题的提出

流域系统具有自然和社会双重属性，流域治理是持续改善生态环

---

[*] 本文为甘肃省社科规划项目"乡村振兴战略下陇中黄土高原地区农户生计与环境演变的关系研究"（项目号：19YB025）、西北师范大学研究生培养与课程改革项目（项目号：2023YKG006）的阶段性成果。

[**] 谢丽丽，西北师范大学社会发展与公共管理学院副教授，研究方向为环境社会学、农村社会学；康力心，西北师范大学社会发展与公共管理学院硕士研究生，研究方向为环境社会学。

境、促进人水和谐共生的必然选择。石羊河流域①位于甘肃省河西走廊东部，流域总面积约 4.16 万平方公里，分为南部祁连山区、中部走廊平原区、北部低山丘陵区及荒漠区四大地貌单元，自东向西由 8 条河流②及多条小河汇集形成石羊河干流，流入下游民勤绿洲。石羊河流域是甘肃开发利用程度最高、用水矛盾最突出的地区，其人均年水资源占有量仅 550 立方米，不足甘肃的 1/2、全国的 1/4。③ 石羊河流域也是由高山冰雪、森林、草原、荒漠等组成的生态脆弱地区，山水林田湖草沙各生态要素之间关联紧密，其中水是影响流域生态系统稳定的关键因素，也是影响流域经济社会发展的重要基础。

随着经济社会发展、人口增加以及对资源的开发利用，石羊河流域可持续发展面临的重要挑战从人地矛盾转向人水矛盾和上下游的用水冲突。历史上的石羊河流域水草肥美，是游牧交错地区，然而，由于气候干旱和边塞战乱频繁，生态环境常遭破坏。此外，国家为维护和促进边疆稳定，尤其在明清期间从中原地区派驻了大量移民，使得当地人口迅速增加，生产生活方式逐渐从游牧转变为农耕。为了养活更多人口，大量林草地被开垦为耕地，流域内众多湖泊也变为耕地，湖泊从大变小，河流由多变少，水量不断减少，直至干涸，成为大小不一的冲击淤积平地，形成绿洲耕地，④ 20 世纪 50 年代以来，人地矛盾和水资源短缺问题日益突出，为缓解人地矛盾和提高水资源利用效率，甘肃省开始在石羊河中上游修建水库，同时大规模开采地下水，生态用水被严重挤占。20 世纪 90 年代以后，随着上游来水减少，中游用水不断增

---

① 石羊河流域涉及甘肃省、青海省和宁夏回族自治区三省区，其中涉及甘肃省的面积最大，本文研究区域为甘肃石羊河流域，在行政区划上共涉及甘肃省 4 市 9 县区，其中武威市是石羊河流域经济社会发展的重点区域，是甘肃河西地区人口最集中、水资源开发利用程度最高、人水矛盾最突出的地区。

② 石羊河由 8 条河流组成，分别是大靖河、古浪河、黄羊河、杂木河、金塔河、西营河、东大河、西大河。

③ 中共甘肃省委党史研究室：《决不能让民勤成为第二个罗布泊——石羊河流域治理》，北京：中共党史出版社，2013 年，第 5 页。

④ 冯绳武：《民勤绿洲的水系演变》，《地理学报》1963 年第 3 期。

加，水资源开发利用程度高达 172%，年超采地下水 4.32 亿立方米，[①]
石羊河出现断流，红崖山水库时有干涸，下游青土湖彻底干涸，林草
植被大面积退化，沙漠化盐渍化进程加快，腾格里沙漠与巴丹吉林沙
漠渐趋合拢，边缘地区农民常遭风沙之害，经济社会发展受阻。由
此，"还水于自然""拯救民勤"迫在眉睫，重建人与自然和谐关系
与上下游的用水秩序成为当务之急，也是流域治理面临的巨大挑战和
主要困境。

2007 年《石羊河流域重点治理规划》（下文简称《规划》）出台，
自此开启石羊河流域重点治理之路。经过多年的治理，流域生态环境逐
渐恢复，上下游用水冲突得以缓解。从环境正义视角来看，解决人与自
然的争水矛盾以及上中游与下游的用水冲突，既是石羊河流域治理破
局的关键，也是流域治理的目标和重点，还是促成流域可持续发展的重
要着力点。基于此，本文以 2007 年以来石羊河流域治理为案例，致力
于从环境正义视角构建一个解释框架以阐释石羊河流域治理之道，试
图回答石羊河流域治理中上下游在环境权益获得、环境保护义务和环
境损失承担上是如何达成环境正义的？实施策略和过程机制是怎么样
的？环境正义治理实践对流域经济社会发展的影响是什么？对整个流域
的可持续性和公正性有何意义？从环境正义视角探讨石羊河流域治理，
能丰富和完善内陆河流域治理的理论和资料，也能为环境正义理论的
拓展和应用提供典型案例，还可以为促进石羊河流域高质量发展提供
科学依据和政策建议。本研究从 2018 年开始开展长时段的田野调研，
笔者先后深入武威市、民勤县、古浪县等地进行了 4 次田野调研，通过
深度访谈、参与式观察等方法收集了大量一手资料，同时查阅参考了
《甘肃水利志》《武威地区志》《石羊河志》《石羊河流域治理志》《民
勤县志》《民勤水利志》等文献资料。

---

① 民勤县地方志编纂委员会：《民勤县志（1986–2005）》，北京：方志出版社，2015 年，第
150 页。

二　文献综述和分析框架

（一）文献综述

流域治理一直以来都是我国各级政府重视和致力于解决的民生工程，也是自然科学和社会科学都关注的研究议题。关于流域治理研究，工程技术视角重点关注水利水电开发应用和洪涝灾害治理；社会科学视角则主要关注从小流域治理到水利建设和水资源管理，再到 20世纪八九十年代的"三河三湖"污染治理，重点阐释的是流域治水难、治理绩效弱的原因及其社会影响。[①] 大量研究指出流域环境治理存在"文本规范"与"实践规范"相分离、技术壁垒、制度建设不健全以及治理碎片化等诸多困境，"人水不谐"会导致疾病、贫困和社会不平等等不良社会影响和后果。[②] 党的十八大以来，在推进大江大河流域生态环境治理和高质量发展背景下，生态优先成为流域治理的基本底色，同时流域治理策略也更为重视系统性视角。因此，有研究认为流域治理应该突破行政限制和属地治理，进行流域间的协同治理。[③] 此外，还有研究提出了政府和企业间合作治理[④]、多元协同治理[⑤]、第三

[①] 张玉林：《累积性灾难的社会应对——以海河流域为中心》，《江苏行政学院学报》2010 年第 2 期；徐敏、张涛、王东、赵越、谢阳村、马乐宽：《中国水污染防治 40 年回顾与展望》，《中国环境管理》2019 年第 3 期。

[②] 任敏：《我国流域公共治理的碎片化现象及成因分析》，《武汉大学学报》（哲学社会科学版）2008 年第 4 期；陈阿江：《文本规范与实践规范的分离——太湖流域工业污染的一个解释框架》，《学海》2008 年第 4 期；陈涛、左茜：《"稻草人化"与"去稻草人化"——中国地方环保部门角色式微及其矫正策略》，《中州学刊》2010 年第 4 期；陈阿江：《论人水和谐》，《河海大学学报》（哲学社会科学版）2008 年第 4 期。

[③] 李正升：《从行政分割到协同治理：我国流域水污染治理机制创新》，《学术探索》2014 年第 9 期；王俊敏、沈菊琴：《跨域水环境流域政府协同治理：理论框架与实现机制》，《江海学刊》2016 年第 5 期。

[④] 朱德米：《地方政府与企业环境治理合作关系的形成——以太湖流域水污染防治为例》，《上海行政学院学报》2010 年第 1 期。

[⑤] 朱喜群：《生态治理的多元协同：太湖流域个案》，《改革》2017 年第 2 期。

方治理①、整体性治理②，以及河长制③等策略路径，流域治理实践成效
显著。整体来看，已有研究对流域问题的诊断和开出的治理"药方"
多是从系统、组织、合作、权力和利益等多维视角进行阐释。然而，当
流域生态环境脆弱，特别是作为生态修复和经济社会发展之基础的水
资源成为有限资源的时候，环境的权益和损害就不得不成为流域治理
考量的重要因素。流域治理中谁享有更多环境权利？谁得到了更多的环
境权益？谁承受了更多的环境负担和损失？谁承担了更多的环境保护的
责任？即环境正义维度的流域治理实践及其影响研究越发重要。

　　环境正义研究受到美国环境正义运动④的推动而成为环境社会学的重
要研究议题。环境正义的研究范围从起初关注有害废弃物等在种族与阶层间
的不公正分布，⑤ 延伸到了气候变化、食品安全、能源安全、土著文化保
存以及住房、医疗、教育、交通、公共卫生等方面出现的不平等现象，⑥
其本质是认为人与非人生物之间、人与人之间应公平地享有环境权益
和承担环境损失。⑦ 国内环境正义研究关注农村环境治理、垃圾污染治
理及水污染治理等领域，主要从地区正义、城乡正义、群体正义等层面

---

① 吕志奎：《第三方治理：流域水环境合作共治的制度创新》，《学术研究》2017 年第 12 期。
② 杨志云：《流域水环境治理体系整合机制创新及其限度——从"碎片化权威"到"整体性
治理"》，《北京行政学院学报》2022 年第 2 期。
③ 任敏：《"河长制"：一个中国政府流域治理跨部门协同的样本研究》，《北京行政学院学
报》2015 年第 3 期；陈茂山、陈涛：《河湖环境治理的实践、成效与路径优化——水利部
发展研究中心主任陈茂山访谈录》，《环境社会学》2023 年第 1 期。
④ 环境正义运动是在全球环境保护浪潮中产生的一种绿色环境运动，经由 20 世纪 50 年代的
现代民权运动和 20 世纪 60 年代的现代环保运动的孕育和推动，自 20 世纪 80 年代美国北
卡罗米纳州的"沃伦抗议"（Warren County Protest）事件正式拉开序幕。
⑤ Robert D. Bullard, *Dumping In Dixie：Race，Class，and Environmental Quality*，Routledge，2018；
Bunyan Bryant and Paul Mohai，"Environmental Racism：Reviewing the Evidence，"*Race and the
Incidence of Environmental Hazards：A Time for Discourse*，1992，p. 16376；Maureen G. Reed
and Colleen George，"Where in the World is Environmental Justice？"*Progress In Human Geogra-
phy*，Vol. 35，No. 6，2011，pp. 835–842.
⑥ Mary Finley-Brook and Erica L. Holloman，"Empowering Energy Justice，"*International Journal
of Environmental Research and Public Health*，Vol. 13，No. 9，2016，p. 926；寺田良一、程鹏
立：《环境社会学研究之三维：环境正义再诠释》，《环境社会学》2022 年第 2 期。
⑦ 刘卫先：《美国环境正义理论的发展历程、目标演进及其困境》，《国外社会科学》2017 年
第 3 期。

重点分析环境不正义的具体表现及其原因，[①] 并从环境正义角度提出相应的对策建议。[②] 也有学者认为环境正义的特殊性主体诉求背后存在更深层次的普遍性的社会不正义。[③]

综上所述，一些学者注意到流域治理中存在环境不正义问题，但从环境正义视角系统阐释流域治理实践、提炼解释框架的研究较少，尤其缺少对内陆河流域治理的探讨。已有对环境正义的研究，更多是探讨环境正义"是什么"和"为什么"的理论问题，但对怎样实现环境正义的研究还不充分，对环境正义治理社会影响的研究还不足。此外，很多研究往往将环境正义简化为资源分配问题，更多关注资源分配的公平性，而较少关注环境决策和治理过程中的公平性，也较少关注环境负担分配和环境责任义务的公平性问题。这也是本文从环境正义视角对石羊河流域治理进行深入探究的价值所在。

（二）理论视角和分析框架

本文以环境正义理论为研究视角。环境正义理论有代际正义、种际正义、国际正义、地域正义、阶层正义、性别正义、职业正义等很多维度。本文从石羊河流域的地理位置、经济社会发展基础、生态环境治理面临的挑战及《规划》中的治理目标和原则等因素进行综合考量，认为石羊河流域治理实现环境正义的最为重要的两个维度，一是人与自然之间的种际正义，二是上下游之间的地域正义。种际正义认为人与自然地位相等，应享有平等的环境权益。石羊河流域人与自然竞水矛盾

---

① 曹海晶、杜娟：《环境正义视角下的农村垃圾治理》，《华中农业大学学报》（社会科学版）2020 年第 1 期；李德营、司开玲：《"中国式"环境正义困局：以济宁市的煤炭开采问题为例》，《中国农业大学学报》（社会科学版）2017 年第 6 期；洪大用：《当代中国环境公平问题的三种表现》，《江苏社会科学》2001 年第 3 期。

② 朱力、龙永红：《中国环境正义问题的凸显与调控》，《南京大学学报》（哲学·人文科学·社会科学）2012 年第 1 期；王书明、张彦：《我国水污染与环境正义研究》，《河海大学学报》（哲学社会科学版）2009 年第 3 期。

③ 王芳、毛渲：《特殊的主体与普遍的诉求：环境正义的多维张力与进路》，《理论导刊》2021 年第 3 期。

突出，用于维持自然系统内生循环的生态用水严重不足，因此，人与自然的种际正义是流域治理的重要维度，并且石羊河流域治理一直以实现人与自然种际正义的目标开展。地域正义认为不同地区在环境资源和环境风险的分配上权利与义务相等。石羊河流域上下游共用一条河，水库建在上中游地区，中游凉州区历史上曾是经济社会文化的中心，而民勤地处下游，是武威市所辖一县。换言之，中游地区因为集水资源便利、历史积淀和行政区划三重优势于一体，一直在农业生产和经济发展上优先控制和使用流域水资源，这使得流域上下游的用水冲突日益严重。因此，实现上下游地域正义是流域治理的关键，而且石羊河流域治理始终以缓解上下游用水冲突和重建正义的用水秩序为目标贯彻落实。

本文构建的分析框架由环境承认正义、环境制度正义和环境分配正义三个因素构成，以此来阐释石羊河流域治理之道。环境正义起初很重视分配正义向度，认为环境正义的本质是分配的正义，是稀缺的环境资源在人与人之间、人与非人生物之间的公平分配。随着研究的深入，环境正义的内容从单向度分配正义转向承认正义、程序正义、制度政策和分配正义等多元正义，让环境正义理论更丰富、解释力更强。[①] 在本文的环境正义分析框架中，环境承认正义是指承认和尊重人与非人生物、不同地域之间享有公平的环境权利，是实现环境正义的前提条件。环境制度正义是指建立健全制度体系，其中明确规定各级政府在石羊河流域治理中的责任和义务，是实现环境正义的重要保障。环境分配正义是过程也是结果，是判断和衡量人与自然之间以及上下游间的环境权益是否落到实处的"试金石"，也是实现环境正义的核心关键。三者相互影响，形成合力，成为环境正义型治理达成的基本机制和实现路径（见表1）。

---

① 王云霞：《分配、承认、参与和能力：环境正义的四重维度》，《自然辩证法研究》2017年第4期。

表 1　基于石羊河流域治理实践的环境正义分析框架

环境正义面向	主要内容	作用机制
环境承认正义	承认和尊重人与自然之间、上下游之间享有平等的环境权利，承担平等的环境权责，承认和尊重人与自然的不同以及上下游的独特性和差异性	前提条件
环境制度正义	建立健全一整套制度体系，如水资源管理条例、水资源分配方案、水权分配制度、行业规范、奖惩机制等	重要保障
环境分配正义	始终把人与自然之间、上下游地域之间享有平等水资源的权利，同时也公平承担环境保护义务的目标落到实处	核心关键

本文以石羊河流域治理为研究对象是因为案例自身具有的复杂性和典型性。一是石羊河流域是内陆河流域，流域环境治理时间跨度长，且已经取得了显著成效。二是案例区域集合了流域（上下游）、行政区划（市-县）以及城乡等多维度因素。三是石羊河流域是生态环境脆弱和经济社会发展矛盾集中凸显的地方。

三　石羊河流域治理的背景和实践案例

石羊河流域在甘肃乃至我国西北地区的经济政治社会文化生态方面都具有非常重要的地位，因此，石羊河流域治理一直以来是中央和地方政府重视的民生工程。在经济社会发展的不同阶段，石羊河流域治理的背景、理念以及实施措施不一样，形成的经济社会环境后果也不一样。20 世纪 50 年代至今的石羊河流域治理历程，笔者认为大致分为两个阶段。第一个阶段是 20 世纪 50 年代到 90 年代末的以水增产型治理；第二个阶段是 2007 年《规划》出台以来的环境正义型治理，这也是本文阐述的重点。之所以梳理第一阶段的治理过程及其治理后果，一方面是可以更全面、更深刻地把握石羊河流域治理的历史全景，另一方面是因为第一阶段的治理过程及其结果是第二阶段治理的背景和起点，理解二者的关联，便可以更深刻地阐释第二阶段的石羊河流域治理。

（一）以水增产型治理

石羊河流域第一阶段的治理主要以水利建设和水资源管理为重，是以水增产型治理。在"以粮为纲"和"三西开发"等不同阶段发展背景下，石羊河流域被定位和建设成为甘肃乃至西北地区重要的商品粮基地。此时的流域治理以解决人口粮食问题以及促进经济社会发展为目标。一是修建水库。20 世纪 50 年代至 80 年代，在石羊河上中游建成 100 万立方米以上的水库 15 座。二是建成与水库配套的大型渠道工程设施。以民勤县修建的跃进总干渠为例，总长 87.37 千米。[①] 三是挖机井、开采地下水。20 世纪 70 年代石羊河流域开始大规模开挖机井，机井数量越来越多，从 20 世纪 70 年代的不到 1000 眼，到 2006 年的高达 2.5 万眼；井越挖越深，从 20 米的浅井到 300 多米的深井；[②] 地下水开采量越来越大，由 1955 年的 1.85 亿立方米增加到 2000 年的 11.37 亿立方米，45 年来增加了 515%。[③]

以水增产型治理使得人与自然之间的用水矛盾日益严峻，流域生态环境严重恶化。高强度、高密度、大规模攫取地表和地下水资源，致使用于维持自然生命基本能量的水资源被严重挤压。地表水下渗减少和地下水水位持续下降，使沿河岸自然成长的林带及灌丛草地迅速退化乃至消失，绿洲边缘的天然灌木林、草地及"柴湾"大规模干枯萎缩或濒临衰亡，植物种类、密度、盖度和产量也不断锐减。[④] 流域土壤盐渍化面积由 20 世纪 50 年代的 2.04 万公顷扩大到 90 年代的 4.58 万公

---

① 中共民勤县委党史资料征集办公室、民勤县地方志办公室、石羊河流域重点治理项目民勤县建设管理局：《石羊河志备考·民勤卷》，武威：武威广信科贸印刷有限公司，2014 年，第 150~152 页。

② 武威市地方史志编纂委员会：《武威地区志》（上），北京：方志出版社，2016 年，第 773~775 页。

③ 丁宏伟、张荷生：《近 50 年来河西走廊地下水资源变化及对生态环境的影响》，《自然资源学报》2002 年第 6 期。

④ 王根绪、程国栋、沈永平：《近 50 年来河西走廊区域生态环境变化特征与综合防治对策》，《自然资源学报》2002 年第 1 期。

顷，增加了 124.5%。①

与此同时，上下游用水冲突愈加尖锐，导致下游民勤水资源严重短缺，由此衍生的各种社会问题日益严峻。随着中游灌溉面积持续扩大，流入下游民勤的径流量由 20 世纪 50 年代的近 6 亿立方米，减少到 90 年代的 1.5 亿立方米，2005 年时仅为 0.67 亿立方米。② 于是下游民勤的地下水年采量自 20 世纪 70 年代的 5 亿立方米增加到 90 年代的 10 亿立方米，地下水水位从 1973 年的 3.6 米下降到 2005 年的 23 米。③ 至 2001 年底，湖区 49 个村的 5 万多人和 8 万牲畜严重缺水，更无水浇灌耕地，沙化盐碱化耕地增加，致使农作物严重减产，人均年产粮只有 164 千克。而当地为维持农业生产又不得不贷款打井，致使人均年负债 750 元以上，湖区群众陷入贫困。1994 年至 2003 年间自然外流人口达 6489 户 26453 人，占湖区总人口的近 1/3，特别是地处风沙口的村社人口外流更严重，有的只剩几户几人，有的全部外流，村庄日渐凋敝衰落。④

（二）环境正义型治理

面对石羊河流域生态严重恶化的态势以及经济社会发展受阻的困境，2001 年甘肃向国务院提交《关于石羊河流域水资源和生态环境综合治理的调查报告》，梳理了石羊河流域的生态环境危机，2007 年《石羊河流域重点治理规划》经国务院审批同意后由国家发改委、水利部印发，甘肃省政府执行，自此石羊河流域重点治理全面展开。笔者梳理

---

① 丁宏伟：《石羊河流域绿洲开发与水资源利用》，《干旱区研究》2007 年第 4 期。

② 民勤县地方志编纂委员会：《民勤县志（1986—2005）》，北京：方志出版社，2015 年，第 109~112 页。

③ 中共民勤县委党史资料征集办公室、民勤县地方志办公室、石羊河流域重点治理项目民勤县建设管理局：《石羊河志备考·民勤卷》，武威：武威广信科贸印刷有限公司，2014 年，第 4~33 页。

④ 中共民勤县委党史资料征集办公室、民勤县地方志办公室、石羊河流域重点治理项目民勤县建设管理局：《石羊河志备考·民勤卷》，武威：武威广信科贸印刷有限公司，2014 年，第 284 页。

石羊河流域治理过程发现，为实现《规划》治理目标，治理的思路和措施始终围绕作为生态环境系统与促进经济社会发展的核心和基础——"水"来展开，治理的突破口和着力点主要是缓解人水矛盾和上下游用水冲突，此为环境正义型治理。

石羊河流域治理目标。《规划》明确了流域治理的目标，其中，短期目标是到 2010 年，下游民勤蔡旗断面下泄水量由 0.98 亿立方米增加到 2.5 亿立方米以上，民勤盆地地下水开采量从 5.17 亿立方米减少到 0.89 亿立方米，中游地表供水量由 9.72 亿立方米减少到 8.82 亿立方米，地下水开采量由 7.47 亿立方米减少到 4.18 亿立方米，有效遏制生态系统恶化趋势。中长期目标是到 2020 年，民勤蔡旗断面下泄水量增加到 2.9 亿立方米以上，民勤盆地地下水开采量减少到 0.86 亿立方米，中游地表供水量减少到 8.22 亿立方米，民勤地下水水位持续回升，流域生态系统得到有效修复。①

石羊河流域治理的措施和手段。一是改革水资源分配管理制度体系，流域内各级政府按照《石羊河流域水资源分配方案》《石羊河流域水资源管理条例》中"总量控制、定额管理、逐级分配"的办法，建立完善县、乡、村、社、户逐级水权分配体系，先自上而下逐级逐年制定水量配置方案，再将全流域用水分配到市、县（区）、各行业，再逐级分配到用水户。二是完善节水工程设施，完成灌区节水改造工程和渠灌、管灌、大田滴灌、温室滴灌等田间节水改造工程。三是推广应用节水技术，全面推广沟畦灌溉、膜上灌溉等常规节水灌溉技术和滴灌、管灌、喷灌等高效节水技术，在此基础上重点推广垄膜沟灌、垄作沟灌、膜下滴灌三大农田节水技术。四是关井压田调结构，"关井"是指流域严格落实机井取水许可制度；"压田"是指压减灌溉耕地面积，尤其是退耕耗水量高以及沙地、草地等低质量耕地；"调结构"是调整传统农

---

① 《甘肃省石羊河流域重点治理规划》，载中共甘肃省委党史研究室《决不能让民勤成为第二个罗布泊——石羊河流域治理》，北京：中共党史出版社，2013 年，第 232~247 页。

业产业结构，少种植玉米、小麦等高耗水农作物，多种植低耗水、高效益农作物，新建日光暖棚，发展羊牛养殖等畜牧业，发展蜜瓜、人参果、蔬菜种植等特色产业，以实现节水与增收的双赢。五是生态移民，为减少流域生态最脆弱地区人们的生产生活活动对环境的干扰，《规划》提出了上游祁连山水源涵养林区生态移民（"下山入川"）和下游民勤湖区北部生态移民（减轻对荒漠生态系统的干扰）两大工程。

石羊河流域治理提前完成了治理目标，迈向了人与自然的和谐共生与上下游的协同共赢。究其根本，是石羊河流域治理重建了人与自然之间、上下游地域之间的用水秩序，让上下游都享有公平用水权益，同时也公平承担保护环境的责任。石羊河流域治理是实现了种际正义和地域正义的环境正义型治理，下文将重点对此进行阐释。

四 种际正义：人与自然和谐共生

石羊河流域迈向了人与自然和谐共生的道路，本质是因为石羊河流域治理是实现人与自然之间种际正义的治理。在治理过程中，环境承认正义是前提条件，环境制度正义是重要保障，环境分配正义是核心关键，三者相互影响形成"合力"，重构人与自然之间的用水秩序，人与自然之间的公平环境权益得以实现，流域生态环境得到改善修复。

首先，环境承认正义是石羊河流域治理实现人与自然种际正义的前提条件。环境承认正义是指石羊河流域治理中始终尊重并承认人与自然具有同等地位，应该享有公平用水权利。《规划》历时20多年才得以出台，这期间以及此后出台的各级各类的指示、讲话和政策文件都对此达成了共识。这里列举其中一例，2007年10月1日，时任国务院总理的温家宝在民勤考察时指出，"生态用水、生产用水、生活用水，这三个方面密不可分，但第一位的还是生态用水，因为过去我们欠账太多。如果生态恶劣了，生产和生活也就没有保障了，生态改善了，生产生活才能得到改善。"① 具体来看，一是承认自然环境与人类拥有平等的地位。这是贯穿石羊河流域治理中的共识，是对过度开发利用自然资源及其导致严重经济社会环境后果的反思。自然环境和生态系统的自身价值得到尊重和承认。认可自然不仅为人类提供生存生产资料，是人类生产生计的重要来源，而且是当地人们生活教育娱乐休闲的家园，既承载着人们的"乡愁"，也是人们的情感归属和身心安放之所。可以说，保护自然环境就是保护"家园"。二是深刻洞察自然与人、环境与发展之间的辩证关系，承认自然与人、环境与发展关系中生态环境的优先地位。开始重新认识和评估自然与人类发展之间的关系，认识到水是流域生态系统的核心，也是经济社会发展的基础，更是流域治理的关键。认识到目前石羊河流域面临的最大困境是由于过去经济发展优先于环境保护的理念和模式使得自然生态系统受损严重、"生态欠账"太多，使得经济社会发展受到制约。因此，流域治理必须把生态放在优先和重要的位置。此外，认识到有限的水资源是人与自然环境共同的生命之源，人与自然和谐共生的根本出路是节约水资源，特别要给自然生态系统的循环和修复提供最基本的生态用水。只有生态环境改善了，生产生活才能改善。三是承认和尊重自然系统之间的相互影响关系。认识到石羊河流域是一个复杂而联系紧密的生态系统，其中水是整个生态系统的基础和核心。因此，流域生态治理的关键和重要措施是尊重生态环境系统的发展规律，做好水生态环境修复和治理。

其次，环境制度正义是石羊河流域治理实现人与自然种际正义的重要保障。石羊河流域治理中逐步建立健全了一整套制度体系，这套体系从法律法规到地方性规章等共计100多项，都明确规定了石羊河流域治理以实现人与自然之间的种际正义为目标，要优先保障和配置生态用水，同时也明确了各级政府在石羊河流域治理中的责任和义务，此即

---

① 中共甘肃省委党史研究室：《决不能让民勤成为第二个罗布泊——石羊河流域治理》，北京：中共党史出版社，2013年，第33页。

环境制度正义。一是建成流域水资源统一管理、统一调度和统一分配的制度，打破过度开发水资源和挤占生态用水的不良局面。甘肃出台的《石羊河流域水资源管理条例》是我国内陆河流域管理的第一部法规，该条例明确规定："流域管理和行政区域管理相结合，行政区域管理服从流域管理。"同时，成立石羊河流域管理局，负责流域水资源统一管理工作。二是建立了从省、市到县（区）的水资源管理和水权分配制度，优先保障生态用水初始分配权。《石羊河流域水资源分配方案》《石羊河流域水资源管理条例》明确指出要严格按照"总量控制、定额分配"的原则，通过制度节水、工程节水和技术节水等方式压减流域总用水量，同时通过细化优化用水权配置制度，将水权分解到机井、作物和轮次，并确认轮次水量，以及全面实施实名制配水制度，以此保障"还水于自然"的实现。三是优化完善节水制度。《甘肃省石羊河流域地下水资源管理办法》《甘肃省取水许可和水资源费征收管理办法》《石羊河流域凿井机组管理办法》等文件明确指出要"严禁地下水开采超额"，实行"用水总量、机井数量、地下水位"三控制，前置水资源管理的关口，从源头上把控审批条件。四是健全环境执法监督机制和问责追责制度，规定石羊河流域治理中各组织、各部门的责任和义务，以及对违法行为的严厉惩罚措施。

最后，环境分配正义是石羊河流域治理实现人与自然种际正义的核心关键。环境分配正义是指石羊河流域治理始终将人与自然享有平等水资源权益，有限的水资源是人与自然环境共同的生命之源，应优先给自然更多的水资源，让自然生态系统休养生息、恢复健康活力等理念和目标落到实处。一是严格落实石羊河流域水资源统一管理制度，严格控制和减少流域整体水资源用量，尤其减少地下水耗用。2019 年全流域用水量 21.5 亿立方米，比 2006 年减少 6.3 亿立方米，减少了 22.7%。2019 年，全流域地下水开采量 7.05 亿立方米，较 2006 年减少 4.55 亿立方米。为此，全流域全面完成关井压田调结构任务，灌溉面积由 2003 年的 446 万亩逐步减少到 2015 年的 310 万亩，武威市先后关闭农业灌溉机井 3338 眼，严格压缩生产生活用水，把原来超采的水资源还于自然，让自然得到了休养和恢复。① 二是优先分配生态用水，还水于自然。石羊河流域治理严格按照水资源分配方案中明确规定的"优先保证生活用水、保障稳定生态用水、重点满足工业用水、公平保障农业基本用水"的基本顺序进行落实。与此同时，流域治理中始终优先保障和落实生态用水的初始水权，即配水时优先满足生态配水，在扣除生态配水后再将可利用水量逐一分配到各个用水地区及每个用水户。三是增加每年的生态配水总量和比例。生态用水量从 2013 年的 0.23 亿立方米，增加到 2020 年的 2.24 亿立方米，增加了 2.01 亿立方米。生态用水占比从占 2012 年用水总量 25.25 亿立方米的 2.4%，增加到占 2020年用水总量 24.23 亿立方米的 9.23%。②

石羊河流域治理以实现种际正义为目标和着力点，不仅改善了流域生态环境，人与自然的关系走向了和谐共生，而且让流域经济社会发展走上了绿色可持续之路。全流域森林覆盖率由 2009 年前的 12.06% 增加到 2019 年的 18.43%。流域边缘地带荒漠化速度明显减缓，③ 沙尘暴频次显著减少，过程持续时间显著缩短，强度有所弱化。④ 石羊河湿地公园水域面积已由 2016 年的 25.16 平方公里增加到 2020 年的 26.67 平方公里。黄案滩芦苇、白刺、梭梭、沙枣等 10 万亩植被群落逐步恢复。红崖山水库鸟类生物的种类和数量增长到 16 目 20 科 80 种 2 万只左右。石羊河流域三产结构比例由 2006 年的 15∶58∶27 调整为 2019 年的 20∶37∶43，产业结构不断优化。⑤

---

① 徐永盛、李永德：《石羊河模式：水生态文明建设之路》，《武威日报》2020 年 12 月 13 日。
② 根据 2012 年至 2020 年的《石羊河流域水资源公报》计算所得。
③ 徐晓宇、郭萍、张帆、武慧、郭文贤：《政策驱动下石羊河流域生态效应变化分析》，《水土保持学报》2020 年第 6 期。
④ 罗晓玲、杨梅、李岩瑛、蒋菊芳、聂鑫：《基于 NDVI 的石羊河流域植被演变特征及其对沙尘暴的影响分析》，《水土保持学报》2022 年第 2 期。
⑤ 徐永盛、李永德：《石羊河模式：水生态文明建设之路》，《武威日报》2020 年 12 月 13 日。

五　地域正义：上下游协同共赢

石羊河是滋养流域上下游的一条共用之河，流域上下游走向协同共赢，本质上是因为石羊河流域治理是实现了上下游地域正义的治理。在治理过程中，环境承认正义是前提条件，环境制度正义是重要保障，环境分配正义是核心关键，三者相互影响、形成合力，重构了上下游之间公平的用水秩序，上下游用水冲突得以缓解，经济社会协同发展得以实现。

首先，环境承认正义是石羊河流域治理实现上下游间地域正义的前提条件。石羊河流域治理重新认识和定位了上下游之间的关系，认为应该尊重和承认上下游都享有平等的环境权利，尤其要给予下游民勤基本的用水权利，以维持下游民勤地区的经济社会发展，此即环境承认正义。具体来看，一是认为石羊河流域生态环境恶化最严重的地方是下游民勤，但其症结在于长久以来上下游之间的竞水冲突。因此，流域治理的理念和措施既要打破过去各自为政、各谋其利的竞争模式，也不能只以民勤治理为重，而是从流域整体视角重新审视和理顺上下游关系，让上下游获得公平环境权益。二是认为下游民勤既是流域治理的"硬骨头"，也是突破口。从生态屏障功能来看，下游民勤既承担了阻隔巴丹吉林沙漠和腾格里沙漠合围的重任，也维系着河西走廊通道安全和西北地区稳定发展。因此，流域环境治理始终给予下游民勤最基本的环境权益，特别是用水权利，从而"确保民勤不能成为第二个罗布泊"。三是深刻认识到上下游面临的生态环境问题各有不同，遇到的治理挑战也有所差异，因此，流域上中下游要承担各自的环境责任，针对各自的问题制定切实可行的治理方案和措施。石羊河流域治理在多年摸索实践的基础上，形成了以环境承认正义为基本内容的治理共识，即"流域治理的第一套'组合拳'就是石羊河上中下游的治理。上游主要是涵养水源，中游主要是节约水资源，下游是生态的恢复，最重要的是停止地下水的超采。"① 石羊河流域治理始终以此共识为基础，上游对祁连山林区实行全面封禁管理，组织实施三北防护林、退耕还林、天然林保护、生态公益林保护等国家重点林业建设工程，中游重点推进农业结构转型和建设节水工程，下游加快防沙治沙和生态系统恢复。

　　其次，环境制度正义是石羊河流域治理实现上下游间地域正义的重要保障。环境制度正义是指石羊河流域治理中出台的各类制度明确规定了流域上中下游之间享有公平的环境权利，与此同时也要承担各自的环境责任和义务。一是石羊河流域治理建成一整套制度体系保障上下游可以公平享有环境权利，特别是保障下游民勤的用水权利。从《规划》到《石羊河流域水资源管理条例》《石羊河流域水资源分配方案》《石羊河流域地表水量调度管理办法》等法规及政策文件，都明确指出石羊河流域统一管理分配水资源，严格落实总量控制、定额用水。中上游不能借地理位置优势和水库蓄水之便先占和多占流域水资源，还要以蔡旗断面的过水量作为约束性目标，每年向下游民勤下泄水资源，从治理时的 0.98 亿立方米，到 2020 年增加为 2.9 亿立方米以上。为实现压减总用水量和保障下泄水量的目标，武威市还制定了《武威市行业用水定额标准》，其中严格规定上下游区域和不同行业的配置定额和配置总量，以武威市人民政府《关于 2008 年水资源配置和完善水权制度的意见》为例，其规定当年给中游凉州区配水 11.55 亿立方米，民勤县配水 6.15 亿立方米，整个流域的生活用水、生态用水和生产用水分别是 0.58 亿立方米、0.75 亿立方米和 17.45 亿立方米，② 再将流域内水资源按照配置定额分配到市、县各灌区，以及乡镇、村组和用水户，并采取以人定地、以地定水、以电控水和凭票供水的办法，严格控制用户用水行为。二是明确规定了流域治理中上中游和下游各自的节

① 中共甘肃省委党史研究室：《决不能让民勤成为第二个罗布泊——石羊河流域治理》，北京：中共党史出版社，2013 年，第 33 页。

② 中共甘肃省委党史研究室：《决不能让民勤成为第二个罗布泊——石羊河流域治理》，北京：中共党史出版社，2013 年，第 226 页。

水底线和节水量。《规划》和《关于加强石羊河流域地下水资源管理的通知》等文件明确规定中游地下水开采从治理时的 7.47 亿立方米，到 2020 年减少为 4.18 亿立方米，下游民勤地下水开采量从 5.17 亿立方米，到 2020 年减少为 0.86 亿立方米，为实现下游民勤盆地地下水水位持续回升和流域生态系统得到有效修复提供制度保障。三是逐步制定完善了执法制度和行政否决制度，明确流域治理中上中下游各自要承担的责任，以及不按照制度治理要受到的惩罚。

最后，环境分配正义是石羊河流域治理实现上下游间地域正义的核心关键。环境分配正义是指石羊河流域治理中始终把上中下游间享有平等的环境权益和承担平等的环境责任落到实处。下游民勤比中游地区面临的生态危机更为严峻，因而石羊河流域治理始终保障下游用水权、严格控制用水量。具体来看，一是围绕上中下游享有公平的环境权益而严格落实各项治理制度和措施，特别是保障下游民勤的环境权益。石羊河流域治理严格落实《规划》标准，上中游每年向下游民勤蔡旗断面下泄水资源，从治理时的 0.98 亿立方米，到 2015 年已达到 3.13 亿立方米，提前超量达成远期目标（2020 年达到 2.9 亿立方米以上）。为达成治理目标，流域治理中还设计了工程"安全阀"，统筹建设了上游西营河向下游民勤调水的专用输水渠道共计 50.33 公里，自 2010 年起连续 11 年超额完成《规划》要求的调水任务。流域治理还完成了从石羊河流域外调水到民勤的景电二期延伸工程共计 20.92 公里，自 2012 年开始每年向民勤实施生态补水，调水效率由过去的 0.7 提高到 0.96。[①] 此外，中游和下游各自完成了相应的地表地下节水量和关井压田调结构的任务量。二是上中下游共同承担流域治理带来的环境风险和环境损失，特别是通过政策倾斜方式对承担了较多损失的下游民勤尽可能提供相应补偿。与中游武威凉州区相比，下游民勤一直以来就承担了更多的环境风险和环境损失，而此次流域治理的重点和突破口

---

① 　徐永盛、李永德：《石羊河模式：水生态文明建设之路》，《武威日报》2020 年 12 月 13 日。

也是遏制下游民勤的生态危机，因而在下游民勤落实了更为严格的节水制度，尤其在关井数量、压田面积上比中游凉州更多。这加重了下游民勤，尤其湖区老百姓的损失，包括耕地减少带来的经济损失，以及因生态移民而离开家园故土所造成的社会资本断裂和情感剥离等。因此，一方面，流域治理中在资金人力物力分配上更偏重民勤，流域治理的资金重点投入民勤灌区节水改造工程、西营河专用输水渠工程和景电二期延伸工程等。另一方面，地方政府出台、落实相应制度政策尽可能对流域治理中受到严重损失的地区及当地农民给予补偿，降低该地区的环境风险和损失。如政府补贴资金搭建日光温棚，通过大力发展蔬菜、瓜果、药材等产业来弥补"关井压田"的损失。对下游部分受损农民提供治沙岗位，让他们参与压田治沙项目获得劳务报酬。此外，还为他们提供就业培训，输送劳动力外出就业以提升收入。三是上中下游共同承担环境治理的责任和义务。依据上中下游地理区位、经济社会发展状况等方面的不同，按照上游水源涵养、中游节水和下游环境保护修复各有侧重来承担环境责任和义务。具体来看，上游进行生态移民，其中古浪县南部山区的 1.53 万户 6.24 万人移民到黄花滩生态移民区。中游的武威市主要是农业结构调整和节水工程改造，其中田间节水改造面积达到 90 多万亩。下游承担生态治理义务，通过政府支持、社会组织以及民众结合的方式组织开展生态保护修复。①

石羊河流域治理以实现地域正义为目标和着力点，下游民勤的生态危机从遏制到修复，生态环境得到改善，民勤县森林覆盖率由 2000 年的 8.4% 提高到 2020 年的 18.21%，提高了近 10 个百分点。从 2010 年开始，干涸了半个世纪的青土湖再现水域湿地，水域面积达 26.7 平方公里，旱区湿地面积达到 106 平方公里，地下水水位从 2007 年的 4.2 米上升到 2021 年的 2.91 米，累计回升 1.29 米。② 流域上下游用水秩序

---

① 徐永盛、李永德：《石羊河模式：水生态文明建设之路》，《武威日报》2020 年 12 月 13 日。
② 徐永盛、李永德：《石羊河模式：水生态文明建设之路》，《武威日报》2020 年 12 月 13 日。

从竞争走向正义，经济社会发展也走向协同共赢。2009 年民勤县农民人均年收入 4746 元，至 2021 年增长为 17059 元，增长了 12313 元，增幅达 259%。[①]

六　结论与讨论

近年来，在生态文明建设背景下大江大河治理已经取得显著成果，但是如何推动流域高质量发展和生态环境保护依然是国家和各级政府亟待解决的难题。石羊河流域人口密集、水资源匮乏、生态环境脆弱，受气候变化和人为因素影响，流域水资源总量在减少，人与自然的竞水矛盾日益突出、上下游的竞水冲突愈加尖锐，加速了生态环境的恶化，同时也制约了流域经济社会的发展。自 2007 年颁布实施《规划》以来，石羊河流域治理取得明显成效，改善了流域生态环境，促进了流域的经济社会发展。本文从环境正义视角构建了分析框架，以阐释石羊河流域治理之道，探究环境正义型治理的生成机理和实践路径。这不仅可以丰富流域治理和环境正义理论，还可以为流域环境治理实践提供经验路径。

石羊河流域治理取得良好成效，是因为流域治理重构了用水秩序，实现了人与自然之间的种际正义和上中下游的地域正义。环境正义型治理由环境承认正义、环境制度正义和环境分配正义三个层面组成，三者相互影响、形成合力，使石羊河流域走向了人与自然和谐共生与上下游协同发展的道路。具体来看，环境承认正义是指流域治理尊重和承认人与自然和上下游都享有平等环境权益，特别是公平用水的权利，这是环境正义型治理的前提条件，没有环境承认正义，石羊河流域治理将很难落实环境制度正义和环境分配正义。环境制度正义是重要保障，石羊河流域治理从国家、省、市到县各级政府部门建立健全了保障人与自然

---

① 根据 2010 年至 2022 年《甘肃年鉴》中的数据计算所得。

间种际正义和上下游地域正义的法律法规和政策体系。环境分配正义
既是过程也是结果，石羊河流域治理建立了水资源统一管理分配的体
制机制，通过领导负责制和一票否决制坚决落实生态用水优先配置和
下游民勤用水权益。从流域治理的成效来看，石羊河流域人与自然关系
走向了和谐共生，上下游之间迈向了协同共赢。

　　流域治理不单单是生态环境的单向度治理，本质上既是要实现生
态与经济社会发展和谐统一的治理，也是对区域社会结构、社会关系重
构的治理。生态环境是最大的民生福祉，是最公平的公共产品，当前在
人与自然和谐共生的现代化进程中，政府和民众都越来越重视生态环
境，尤其在生态资源受限严重的地区，环境正义问题在环境治理中变得
日益紧迫。石羊河流域环境正义型治理旨在实现人与自然的和谐共生
与上下游的协同发展，但依然面临很多挑战、存在不足，在如何保障受
损地区及其民众的基本利益，如何在治理中让更多的民众有参与治理
的意愿和能力，如何对受损老百姓进行合理有效的补助和支持等方面
还亟待改进，也需要进一步研究，从而为流域高质量发展提供优化
路径。

双向修复：国家与农民关系视野中的
存量垃圾污染治理[*]

孙旭友[**]

摘　要： 随着生活垃圾治理体系与治理能力现代化进程加快推进，存量垃圾污染的环境与健康风险成为城乡环境治理新议题。存量垃圾污染治理伴随垃圾场使用全周期，嵌入乡村社会的存量垃圾受到政府与农民的关注。存量垃圾填埋场的社区化与景观化，促使政府采取更加生活化的治理逻辑化解存量垃圾次生污染的社区环境风险。与政府聚焦乡村社会的生活空间修复不同，农民更倾向于日常实践的生活秩序修复，创造与存量垃圾共存的生活方式。存量垃圾次生污染问题在政府封场整治与农民生活方式调整的双向修复下暂时得以解决。乡村社会中的存量垃圾依然充满不确定性，存量垃圾次生污染的环境健康风险依然需要强化社会防范。

关键词： 存量垃圾污染　双向修复　生活治理　国家与农民关系

网上公开资料显示，世界十大垃圾填埋场中的印度布洛根垃圾场占地达 570 亩左右，场地当中所堆放的垃圾高度有 10 层楼高，并且每天运送到这里未分类的垃圾达 500 多吨。[①] 如何治理如此庞大的垃圾场以及预防填埋场垃圾的二次污染，牵动着全世界网民的心。中国最大的

---

　*　本研究是国家社会科学基金一般项目"农村人居环境整治中农民参与机制优化研究"（项目号：23BSH071）的阶段性成果。
　**　孙旭友，山东女子学院社会与法学院教授，研究方向为环境社会学。
　①　《印度"垃圾山"：有比人高的巨鸟，人们宁愿捡垃圾也不吃它》，网易，2022 年 8 月 11 日，https://www.163.com/dy/article/HEGFFIKL0553G8SB.html。

垃圾填埋场——西安灞桥江村沟垃圾填埋场自 1994 年运营，已经于 2020 年 2 月 27 日提前封场。根据世界银行 2018 年公布的《垃圾何其多 2.0》报告，全世界每年产生 20.1 亿吨城市生活垃圾，其中至少有 33% 没有经过环境无害化处理。[①] 世界上如此之多的垃圾被随意丢弃在垃圾场，如此之多的垃圾填埋场又因垃圾量几何级增长而日益饱和甚至提前封场。如何妥善治理存量垃圾场以及存量垃圾次生污染带来的环境健康风险成为现代社会的特有问题与世界性难题。

一　问题提出

近年来，随着生态文明建设的深入推进以及生活垃圾减量化、资源化、无害化处理体系的逐步完善，我国以垃圾焚烧为主体，以资源化为优先，以卫生填埋为兜底的生活垃圾处理格局正在形成。虽然我国垃圾填埋场的数量增长出现减缓趋势，但是现存垃圾填埋场的数量依然庞大。住房和城乡建设部的统计数据显示：2006~2020 年，我国城市及县城累计填埋生活垃圾 19.63 亿吨，截至 2020 年我国城市和县城垃圾填埋场数量 1871 座。[②] 在存量垃圾治理及原生垃圾"零填埋"政策的加持下，我国大量生活垃圾填埋场亟待治理。

为进一步加快存量生活垃圾治理体系建设，国家发展改革委、住房和城乡建设部发布的《"十四五"城镇生活垃圾分类和处理设施发展规划》提出"存量填埋设施成为生态环境新的风险点"的问题论断。[③] 在相关政策指引与控制标准支持下，基层政府逐渐加大对存量垃圾治理的力度。相关学者亦针对存量填埋设施与存量垃圾污染两个治理对象，

① 资料来源：https://datatopics. worldbank. org/what-a-waste/#whatawaste2。
② 《中国城乡建设统计年鉴（2020）》，中华人民共和国住房和城乡建设部，https://www. mohurd. gov. cn/gongkai/fdzdgknr/sjfb/tjxx/jstjnj/index. html。
③ 《国家发展改革委住房城乡建设部关于印发〈"十四五"城镇生活垃圾分类和处理设施发展规划〉的通知》，中国政府网，https://www. gov. cn/zhengce/zhengceku/2021-05/14/content_5606349. htm? Nk_sa = 1023197a。

从环境污染的技术治理与环境风险的社会应对两个维度进行研究。

一是存量垃圾污染环境健康风险的技术治理。无论是政府部门还是市场企业，作为建设运营与监管的一方，加强存量垃圾填埋场整治、环境风险化解与生态修复既是社会责任也是产业机遇。面对存量垃圾对地下水、土壤、空气等带来的环境健康风险，有学者提出原地筛分、生物好氧处置、原地封场等填埋场修复以及复生技术与工程项目设计，这类存量垃圾的技术治理方式被认为是有效治理存量垃圾污染的技术方案；① 多元物料蚯蚓堆肥是存量垃圾资源化的有效利用途径；② 通过第三方监管模式、填埋场建设运营 PPP 模式等措施完善生活垃圾填埋场的监管体系则是技术治理工程与制度优化路径。③ 此类研究带有应然性价值判断属性，以存量垃圾的环境风险评估为基础，通过项目工程、污染治理技术等路径切入，来防范化解存量垃圾环境风险。但是相关研究主要基于技术思维与工程范式，把存量垃圾污染看作一种物理事实与生态问题，很少从社会维度切入存量垃圾污染对社会影响的考察。事实上，存量垃圾场的位置选择、存量垃圾次生污染的影响群体及其应对方式等都与环境正义、社会阶层等社会因素密切相关。

二是存量垃圾污染环境健康风险的社会应对。因生态环境问题而引发的抗争事件是国内社会学界持续关注的焦点议题，而存量垃圾污染引发的邻避型环境抗争（邻避冲突）是其重要内容，呈现"混合型抗争"的特征，④ 被学界称为"抗争型环境参与"。⑤ 在垃圾填埋设施建设邻避冲突事件中，民众的生活品质、环境污染、身体健康与邻避冲

---

① 刘鑫、马兴高、雷宏军、袁江杰：《北京市典型垃圾填埋场地下水污染风险评价》，《华北水利水电学院学报》2012 年第 4 期。

② 韦茜佳、周若昕、李娜英、李浩、韩智勇：《生活污泥-厨余-存量垃圾多元物料蚯蚓堆肥工艺及应用环境风险评估》，《生态与农村环境学报》2022 年第 10 期。

③ 刘琪：《国内垃圾填埋场管理现状和建议》，《中华环境》2019 年第 Z1 期。

④ 陈涛、谢家彪：《混合型抗争——当前农民环境抗争的一个解释框架》，《社会学研究》2016 年第 3 期。

⑤ 曹海林、赖慧苏：《公众环境参与：类型、研究议题及展望》，《中国人口·资源与环境》2021 年第 7 期。

突发生有内在关联，[①] 而受害者的抗争诉求、政府的回应策略以及抗争结果是存量垃圾污染抗争的主要议题。相关研究提出"政府在整个过程中都应优化社会管理与公共服务职能，增强政府公信力"[②]、"优化补偿机制与加强沟通"[③] 等措施。此类研究多以"国家-社会"或"政府-农民"视角来分析存量垃圾污染抗争问题，存在"政府-农民"二元对立的视角缺陷，其研究议题主要集中于农民抗争以及政府回应的分析。国家与农民关系的对立视角带有西方理论的狭隘性，在中国乡村治理现代化进程中，国家与农民的互构或融合关系已成为乡村建设的事实。尤其是在"必须以满足人民日益增长的美好生活需要为出发点和落脚点"的理念下，如何切实把高质量发展成果转化为高品质生活，最大限度地降低存量垃圾污染的社会环境影响，已在基层政府执政理念与农民生活诉求之间达成共识。另外，相关研究很少对存量垃圾污染后果进行延续性分析。存量垃圾污染贯穿垃圾填埋场整个生命周期，因此，有必要强化存量垃圾后续治理研究。

基于以上分析，本文以国家与农民关系为视角分析政府与农民在存量垃圾二次污染治理中的行为。国家与农民的关系研究大体是在"国家与社会"的框架下展开，是社会学研究中国乡村社会的重要理论视角。与西方"国家-社会"关系理论下的利益主体互动和博弈不同，国家与农民的良性互动与合作是现代中国乡村治理现代化的重要机制，也是社会学视野下国家与农民关系研究的主要趋势。[④] 具体而言，本研

---

① 王锋、胡象明、刘鹏：《焦虑情绪、风险认知与邻避冲突的实证研究——以北京垃圾填埋场为例》，《北京理工大学学报》（社会科学版）2014 年第 6 期。

② 崔晶、亓靖：《邻避事件中地方政府行为选择探析——以北京阿苏卫邻避抗争事件为例》，《南京工业大学学报》（社会科学版）2017 年第 4 期。

③ 胡象名、刘鹏、曹丹萍：《政府行为对居民邻避情结的影响——以北京六里屯垃圾填埋场为例》，《行政科学论坛》2014 年第 6 期。

④ 黄振华：《国家与农民关系的四个视角——基于相关文献的检视和回顾》，《中国农业大学学报》（社会科学版）2014 年第 2 期。

究以山东省 P 县①的存量垃圾二次污染治理为案例，从乡村治理现代化的整体性立场出发，把存量垃圾整治作为农村人居环境整治或乡村生活治理现代化的组成部分，聚焦垃圾填埋场建成后的潜在风险及其治理，分析当地政府与村民如何通过对库存垃圾次生污染带来的环境健康风险的差异化应对，达成"村庄与垃圾共存"的场景化以及国家治理与生活治理共融的乡村治理现代化目标。

二 案例介绍与资料获得

P 县垃圾填埋场坐落在离县城东北 30 多公里的 K 村旁的山坳。该垃圾场始建于 2005 年，是 P 县唯一一座垃圾填埋场，整个垃圾场占地面积 150 多亩，每天进场垃圾均达 150 多吨，但已于 2019 年封场整治。② K 村是一个人口只有不到 800 人的小山村，该村村民除了外出务工，主要依靠种植小麦、玉米等农作物以及黄桃、葡萄等经济作物来维持生计与增加收入。从全县转移而来的垃圾给该村带来了巨大的环境污染和健康危害，同时带来的垃圾处理二次污染和垃圾处理设施新选址无法落地的环境非正义问题与社会影响，自垃圾场启用时就存在。例如，由于垃圾分类不彻底、垃圾场管理不完善、选址不科学以及工程建设质量等问题，P 县垃圾填埋场腐臭气味刺鼻，垃圾渗液污染了地下水，附近村民只能去别的村买水喝，而且垃圾场附近的庄稼、果树也因此枯死。无论是垃圾场运营还是封场整顿期间，存量垃圾污染已成为威胁当地村民生活生计与身体健康的重要风险源。如何消除存量垃圾污染带来的影响，及时修复被破坏的自然环境、生产生活方式与社会关系是摆在基层政府与村民面前的重要议题。

---

① P 县位于山东省东南部、沂蒙山区西南部，辖 14 个镇街、555 个行政村（社区）。截至 2022 年底，常住人口 87.54 万人。

② 根据 P 县政府相关新闻，该县于 2021 年启动垃圾处理场第二期工程，并计划建设一个占地面积 88.91 亩的垃圾焚烧设施。

本文的资料收集主要包括两个阶段。一是 2018 年 6 月在该垃圾场运营期间，对垃圾场运行情况及其对 K 村的环境影响的调研。这时的垃圾场已经出现垃圾污染当地土地、饮用水等严重的环境健康危害，当地政府与村民采取了相关举措来化解垃圾污染影响。二是 2021 年 1 月，主要针对垃圾场封场后基层政府与当地农民的补偿行动及其关系对 K 村进行的二次调研。垃圾场虽封，但其污染影响并未完全消除，新的环境健康风险仍然存在。笔者两次调研都通过互联网收集当地新闻报道、政策文件，并进入现场进行了细致观察，还访谈了该县城管局负责城乡环卫工作的科长、镇垃圾处置办公室主任、K 村村委会干部与相关村民等 10 多人。

三　双向修复：政府与村民对存量垃圾污染的差异化治理

伴随着 P 县新垃圾场的建设，以及垃圾焚烧设施的开工运营，该县垃圾治理新时代开启。K 村旁边的垃圾场也完成历史使命，处于封场整治期。但是，垃圾填埋场 10 多年来填埋的生活垃圾依然深藏于 K 村附近，仍将被长期封存。垃圾场成为融入当地社区的人造设施，时刻出现在当地村民的生产生活实践与历史记忆之中。存量垃圾场封场之前带来的环境健康风险已然显现，封场之后如何处置已有的负面影响以及后续的环境健康风险，依然是影响农民美好生活的重大环境问题。为此，当地基层政府与村民从各自诉求、立场、条件出发，开启了针对存量垃圾污染的防范处理，笔者称之为"双向修复"。这种存量垃圾污染的"双向修复"是指政府与农民两个不同的利益相关者基于差异化的治理基础与治理诉求，针对存量垃圾污染及其社会环境影响采取不同的治理举措达成的衔接或对接式的治理模式。

（一）生活空间修复：基层政府化解存量垃圾污染风险的空间整治

远离城市喧嚣的垃圾填埋场既是一个区域集中处置城乡生活垃圾

的公共服务设施，也是关涉基层政府治理现代化和提升民生服务水平的结合点。如何进一步防范化解存量垃圾污染及其社会环境影响，成为基层政府解决人民日益增长的美好生活需要和不平衡不充分的发展之间的矛盾、不断满足人民群众美好环境需要以及防范化解底层风险等重大社会民生问题的重要体现。在此背景下，基层政府采取治理存量垃圾与消除存量垃圾污染兼容的整治思路，针对垃圾填埋场与K村两个空间，实施生活空间修复策略。所谓生活空间修复是指基层政府通过封场整治、景观设计、村路修整、遇水搭桥等当地硬件设施建设与空间重构，力图让垃圾填埋场融入乡村生活，成为乡村社会的一部分，实现垃圾填埋场的社区化与景观化。

一是封场整治：存量垃圾技术治理。对存量垃圾带来的土地浪费、细菌滋生、地下水污染、土壤污染等环境影响实施技术化、工程化处置已成学术界和基层政府的共识。当垃圾填埋场作业至设计标高或垃圾堆放场不再收纳垃圾而停止使用时，做封场处理是存量垃圾治理的常见措施。《生活垃圾卫生填埋场封场技术规范》（GB51220-2017）指出：一般要求填埋场填埋作业至设计终场标高或不再受纳垃圾而停止使用时，须实施封场工程。固体废物填埋场的最终覆盖是填埋场运行的最后阶段，通过封场系统以减少雨水等地表水渗入废物层中。

P县垃圾填埋场封场治理即通过水泥固化垃圾场围墙、铺设防渗层与土工滤网、周边绿化等工程化的方式，让存量垃圾储存或挤压在一个相对安全的封闭空间以减少垃圾与土地、空气、人畜、雨水等接触的机会，让垃圾场成为一个相对安全的独立空间。

> 咱们县垃圾场弃用后就招标进行了封场处理，也对周边环境进行了绿化、美化与净化。主要是后面怕存量垃圾出现渗透污染水源和土地的情况。封场后，以前进场的垃圾就被封闭起来了，一般不会出现二次污染的事情。现在这个地方感觉像个小公园似的，既美观又安全。这样的话政府与群众都安心。（县环卫科长W）

存量垃圾封闭化处理与填埋场封场隔离形成了两个相对独立而又嵌入当地社区生产生活之中的物理空间。垃圾填埋场在当地村民的日常生活中似乎也因为垃圾填埋场的封场与技术治理而变得更容易接纳。

> 这个垃圾场以后不用了，听说是进行了处理。你看现在整治得多好，种了很多树，周边的墙上也涂了很多图画。以前这边臭气熏天，现在好多了。（村干部 L）

二是生活补偿：村庄公共设施重建。垃圾场因停止使用而整治存量垃圾是填埋场运行的最终阶段，但并不代表存量垃圾污染危害的终止。P 县垃圾场在封场前就一直存在二次污染的问题，并对 K 村生活环境与村民健康带来极大威胁。[①] 基层政府对当地生产生活设施的建设与性能提升，既是对以往存量垃圾污染治理的延续，也是对当地环境污染危害的物质补偿。

围绕存量垃圾对 K 村农作物种植的影响、土地污染与饮用水污染等当地群众反映强烈的问题，县镇两级政府自 2010 年以来，设计并实施了相对系统的应对和补充方案，直至垃圾场封场依然在持续推进。

> 刚开始的时候村民不让建垃圾场，闹得厉害，建成后有段时间管理跟不上，设施也不是很完备，出现过垃圾渗水污染了周边土地的庄稼和地下水。该村村民也不断反映，意见大得很。县里拨了钱，进行了适当的现金补偿，主要是对与出行路面、吃水问题等相关的基础设施进行改造。到现在将近十年了，还在进行呢。（镇垃圾处置办公室主任 P）

---

① 孙旭友：《垃圾上移：农村垃圾城乡一体化治理及其非预期后果——基于山东省 P 县的调查》，《华中农业大学学报》（社会科学版）2019 年第 1 期。

根据笔者的观察与访谈，当地政府主要从垃圾场到村庄之间的道路规划、建设与硬化，垃圾场周边受到污染的土地的翻整与修复，以及为 K 村解决吃水用水问题三个方面来解决存量垃圾污染的社区影响。村容村貌的改变与村民生产生活条件的改善，促使 K 村成为基层政府治理存量垃圾的第二空间。上述措施对消除存量垃圾污染的环境影响效果不得而知，但是村庄公共服务设施的改善却提升了某些村民的满意度。

> 现在给修了路，打了水井，用上了自来水啥的都挺好的！各方面都方便，污染的影响不大。其他的村都没有这个福利待遇。要不是旁边有垃圾场，镇上县里也不会给做这些的。（村民 W）

当地政府通过事后补偿或改善村庄公共服务设施的方式，拓展了存量垃圾污染的治理空间，实现了对存量垃圾污染的治理，构建了垃圾填埋场与 K 村社区两个治理空间，形成了针对存量垃圾的技术治理与聚焦存量垃圾影响的福利治理相融合的"技术-福利"一体化治理模式。

（二）生活方式修复：农民化解存量垃圾污染影响的生活策略

对村民而言，垃圾填埋场建设通常带有邻避性，垃圾场带来的环境健康风险一直伴随垃圾场的整个使用周期，其污染也的确影响了农民的日常生活甚至身体健康。存量垃圾污染的环境非正义性不会因为垃圾场封场而消失，其整治效果也存在不确定性。但是，基层政府主动推进存量垃圾设施及其影响治理，形成了乡村物理空间美化和乡村生活空间便利的有效联结，经过美化、净化、绿化后的垃圾填埋场更是融入整个社区社会生活的景观，成为农民不得不与之共存的"另类财产"。在垃圾填埋场封场整治与村庄公共设施建设同步推进的背景下，村民不仅开始适应存量垃圾次生污染带来的生活改变，也逐渐认可垃圾场是村庄一部分的社会事实。

一是适应复杂化的生活方式。与存量垃圾共存以及对垃圾场社区景观的接纳是农民适应或修复存量垃圾污染的表征，也与政府设定的生活治理现代化的目标契合，即"农民生活治理的现代化就是要通过国家治理手段实现农民生活世界中生活空间、生活观念和生活实践的现代化"。① 实际上，村民还有自主应对污染或主动修复存量垃圾二次污染影响的生活化策略。有经济实力的村民为远离垃圾污染，搬到镇上或县城居住；依然在村里住的村民只能自我救助，采取诸多生活智慧来化解垃圾污染带来的生活影响。例如当存量垃圾污染 K 村地下水时，村民开始到别处拉水或买纯净水喝。当地政府打井、接自来水入户后，村民逐渐适应了这种现代化的吃水用水方式，但是也同时保存了用自掘井水浇地、洗脚等传统生活化用途。

> 政府在村东很远的地方打了深井，给每家每户都安上自来水。吃水不成问题，但是就是要收费。很多家里就是人吃的水用自来水，浇地、浇花、喂鸡鸭、洗脚啥的就用自己家的井水。（村民 Z）

村民的生活策略远不止采用两套用水系统来应对存量垃圾污染的生活影响。村民早已通过改种果树或绿化树苗来代替庄稼种植、抛荒垃圾场附近土地、不吃自家产的粮食作物等方式转移垃圾污染影响，以此来化解自身无法确定的环境健康风险，重建自我认可的生活秩序。根据村民早已熟知的应对垃圾污染的生活策略来看，村民逐渐适应了自来水、燃气等乡村现代化生活设施，但是依然在存量垃圾污染的确定性与垃圾场封场整治是否能消除污染的不确定性之间摇摆。村民在现代化生活方式、传统生活方式与规避垃圾二次污染的生活方式之间形塑了一种其自认为合理、科学、无害、明智的嫁接式生活方式。

---

① 刘燕舞：《生活治理：分析农村人居环境整治的一个视角》，《求索》2022 年第 3 期。

二是接纳垃圾场的社区融入。自垃圾场选址于此，经过村民短暂的上访、抗争之后，垃圾选址落地 K 村已成既定现实。村民已慢慢接受了这个不得不承认的事实，但是当地村民依然对垃圾场保持警惕，称呼垃圾场为"那个地方""不干净的地方"，以至于垃圾场周边种植的果树、庄稼自己都不敢吃。但是，随着垃圾场存在的长期化与存量垃圾治理的制度化，尤其是存量垃圾科学化隔离与治理空间打造，村民改变了以往厌恶、排斥的态度。接纳垃圾场为村域社会的一部分或景观，构成大多数村民新的乡土认知。

> 垃圾场都在那里十五六年了，迁走是不可能的了。无论我们怎么样，垃圾场都在那里。再说，现在不像开始那样担心，现在垃圾场也封闭了，也开始治理，政府还免费给铺路、打井，也感觉不到什么污染的。（村民 P）

村民对垃圾场的接纳是一个缓慢的过程，既有时间对环境保护意识的消磨，也有政府加快乡村建设以提升村民满意度与获得感带来的影响。

当村民把垃圾场作为村庄景观的一部分或生活中难以剔除的"问题"之后，与存量垃圾共存不仅是村民迫不得已或主动选择的结果，[①]也是政府主动塑造与村民主动要求的一种生活治理式"共谋"。在政府主动加强存量垃圾治理的同时，村民相应地在存量垃圾治理与村庄设施建设、村民生活水平提升之间建立联结，甚至把村民生活水平提升与村庄服务设施建设看作存量垃圾治理的一部分或当作要求政府加强村庄建设的筹码。在某种程度上，村民的注意力从存量垃圾污染转移到治理的内容与效果上，甚至把是否给村庄带来进一步的福利看作存量垃

---

① Anna Lora-Wainwright, *Resigned Activism：Living with Pollution in Rural China*, Cambridge：The MIT Press, 2017.

圾污染治理的重要指标。农民对存量垃圾污染治理的评估标准也发生了转换，即从治理存量垃圾转移到消除存量垃圾污染影响与加强村庄建设上来。

四 结论与讨论

如何让垃圾场融入社区，如何防范化解存量垃圾污染影响是摆在基层政府面前的政治议题，也是与农民生活息息相关的社会问题。P县存量垃圾污染问题自建设开始就存在，到垃圾场封场整治依然是摆在政府面前的民生问题。存量垃圾引发的土地污染、农作物坏死、饮用水污染等环境健康影响，不符合政府满足农民生活需求与保持社会稳定的执政理念，也对当地农民的生产、生活造成极大威胁。如何整治存量垃圾次生污染是政府与农民双方共同关心的问题，也伴随着垃圾场使用全生命周期。只是在垃圾场的不同运营阶段，政府与农民采取了差异化的应对策略。

无论是当地政府早期的重视程度不够与垃圾污染事件频发，还是后期的积极修复与事后补偿，政府行为都受到生态文明建设、执政为民理念与城乡发展一体化等社会结构的制约。从垃圾场建设开始，作为受害者一方的K村农民，不得不面对垃圾场建设运营与垃圾污染防范的既有事实。如何加强对存量垃圾污染影响的生活、生产、生态修复，是政府与农民共同关心的社会环境问题，也是当地乡村社会的生存发展问题。政府通过重建村庄公共生活设施与加大垃圾场整治力度，形塑了技术治理与生活治理结合的空间修复逻辑，呈现了乡村治理现代化的国家治理面向。农民在逐渐适应与存量垃圾共存之后，建构了一套兼顾现代与传统的复杂生活方式，也逐渐接受或认可了政府建设乡村的事后补偿方案。农民接纳垃圾场的社区融入与承认存量垃圾存在于其生活世界之中，是农民在与政府复杂关系的塑造中主动选择的结果。当地农民以一种不同于政府空间修复的方式，即生活化策略应对存量垃圾次生污染带来的环境健康负面影响。农民在回归平静生活之后，所形成的环境污染认知观念的转变与生活方式的改变，是在政府不断实现其美好生活愿望与乡村建设现代化目标下达成的。正如周飞舟所言，"如果我们非要把国家和农民看作不同的利益主体的话，那么这两个利益主体能够成功'对接'，也是中国家庭本位、伦理本位的社会文化起作用的结果"。① 政府与农民两个利益主体的"关系一体化"不仅是中国传统文化与政治体制塑造的社会结果，也是政府与农民现实诉求一致性的结果，即双方在某种程度上，各自在追求美好环境生活诉求的目标一致性上达成了国家对乡村生活的现代化治理。

当然，存量垃圾次生污染的政府治理是基于一种技术思维、行政逻辑与补偿路径的政治介入。垃圾场建设初期缺少沟通、协商、参与等社会互动机制，其空间修复的效果与可持续性等仍有待观察。农民存量垃圾污染的生活策略应对与政府民生工程建设达成了一种新的生活满足感和复杂化的生产生活方式。在某种程度上，农民接纳了存量垃圾存在于社区生活的事实，且以乡村生活现代化的方式遮蔽了环境正义诉求与美好环境需要。能否重新唤起农民对优美环境的诉求与防范垃圾污染的急迫性仍需新的动员事件。但是一个不可否认的事实是：与存量垃圾共存的乡村生活依然充满不确定性，存量垃圾次生污染的环境健康风险依然需要警惕。

---

① 周飞舟：《从脱贫攻坚到乡村振兴：迈向"家国一体"的国家与农民关系》，《社会学研究》2021 年第 6 期。

农村生活垃圾处理的环境话语及其建构逻辑[*]

蒋 培[**]

摘 要：从环境建构主义视角来审视农村生活垃圾处理，本文发现在不同社会情境下存在"规制话语""科学话语""生活话语"三种环境话语类型。在环境规制话语之下，以政府为主导的环境管理成为应对农村生活垃圾问题的主要方式。在环境科学话语之下，以市场主体为主的环境技术治理成为农村生活垃圾处理的主要方式。在环境生活话语之下，当地居民成为应对农村生活垃圾问题的核心实践主体，当地居民的生态智慧得到有效挖掘。所以，本文基于农村生活垃圾处理的环境话语类型分析，论证了环境话语与社会情景有紧密联系，不同的社会情景触发不同类型的环境话语。此外，环境话语与环境行动的互构，有助于进一步理解环境话语建构背后的社会文化逻辑。

关键词：农村 生活垃圾处理 环境话语 社会逻辑

一 问题的提出

到 21 世纪初，由于工业化、城镇化进程的不断推进，农村生活垃

* 本研究受浙江省农业农村厅软科学课题"浙江省农村生活垃圾分类不准确的问题生成与分类精准化研究"（项目号：ZJSNYZX2022-11）、浙江省社科联项目"农村生活垃圾分类长效机制建设的路径研究"（项目号：2023N046）、浙江大花园建设研究院项目"丽水大花园标准体系构建的研究"（项目号：DHYA2020005）资助。根据学术惯例，本研究已对文中出现的人名、地名进行了匿名化处理。

** 蒋培，浙江农林大学文法学院副教授，中国社会科学院社会学研究所出站博士后，研究方向为环境社会学。

坝处理面临越来越多的困境，生活垃圾乱堆乱放问题日益明显。对此，学术界形成了两类不同的观点：一是农民在城镇化过程中的个体意识发生了转变，越来越趋向于理性化思维，把生活垃圾倾倒在一些公共场所；二是在现代化过程中，原本"有垃圾无废物"的农村社会已不复存在，农民自身的生活方式发生了较大的改变，难以应对各类生活垃圾问题。从社会学的视角来分析，农村生活垃圾处理与外部的社会结构也有紧密联系。国家政策、媒体报道、科学技术、公众意识等也影响农村生活垃圾的处理，不同的方面反映了不同阶段农村生活垃圾处理背后的运行逻辑。农村生活垃圾问题的出现及其应对与社会结构有关联，社会结构的改变将会影响全社会对生活垃圾问题的认知及处理方式。

本研究尝试利用"环境话语"这一概念，结合本土实际经验形成相应的理论分析框架，对农村生活垃圾问题以及处理方式进行相应的学理分析。核心内容围绕以下几方面展开：第一，到21世纪初，农村生活垃圾处理面临怎样的外部社会结构，构建生活垃圾处理机制的主要环境话语有哪些；第二，近些年来，农村生活垃圾处理的环境话语发生了哪些变化；第三，农村生活垃圾处理的环境话语形成的内在逻辑是什么。基于这一思路，我们将研究的重点设定为农村生活垃圾所处的社会结构，着重探讨在特定时空背景、特定社会结构下如何构建农村生活垃圾处理的环境话语。同时，基于历时性调查分析方法进行研究，社会结构变化促使环境话语类型发生改变，最终导致农村生活垃圾处理方式随之改变。在此研究过程中，农村生活垃圾问题本身的严重程度并没有被给予过多的关注，也不是本研究讨论的重点。

本研究是基于对长三角地区农村的长期观察，尤其是对浙江部分农村案例的调查来探讨上述问题。从2012年以来，我们就开始关注农村生活污染问题，主要包括生活垃圾处理、生活污水治理等。研究的内容分为三个层次。一是宏观层面，在农村生活垃圾问题应对方面，是以中央政策、制度作为主要影响因素。随着科学发展观、生态文明等思想的提出以及农村生活垃圾现实问题的凸显，从国家、省级政府层面开始重视农村生活垃圾的处理，出台了一系列政策与制度来推进生活垃圾处理。这部分的资料和信息，主要是通过文献收集获得。二是中观层面，在农村生活垃圾处理过程中，各级地方政府（主要是县级政府）是主要的政策执行者和实际管理者。通过分析地方政府应对农村生活垃圾问题的具体做法，能够明确生活垃圾处理方式发生了哪些变化以及这些变化如何形成。在县域层面，笔者曾于2017～2022年在金华金东区、杭州临安区、湖州长兴区、丽水遂昌县、南京江宁区等地进行长期实地调查，基于这些地区的案例研究来呈现农村生活垃圾的处理方式。三是微观层面，以公众特别是当地村民的视角来理解农村生活垃圾处理方式的差别，以及公众在此过程中采取何种行动策略使生活垃圾处理符合自身的需求。微观层面的调查主要在村庄内部完成，村庄（社区）调查是社会调查比较合适的单元。此外，农村生活垃圾分类是村庄的一项公共事务，以村庄为单元的调查可以全面、准确地反映农村生活垃圾处理环境话语建构的具体情况。

二　文献回顾与分析框架

环境建构主义理论研究由来已久。建构主义通过探究谁认为环境问题存在以及谁反对谁主张这类重要问题，允许我们把环境话题置于相关的社会和政治背景中考虑，由此为环境决策做了有价值的贡献。[①]在农村生活垃圾污染问题方面，建构主义同样可以进行解释，在不同时空背景下形成不同的环境话语，影响农村生活环境的治理。主要内容包括：（1）强调特定话语（例如智能垃圾分类）演变为话语霸权并由此抑制争论的能力；（2）揭示产业和国家行动者是如何发展其"修辞策

---

① 约翰·汉尼根：《环境社会学》（第二版），洪大用等译，北京：中国人民大学出版社，2009年，第34页。

略"以说服公众环境问题正在得到适当处置，即使实际上真实情况相反。① 基于不同主体之间的博弈，在不同的时空背景下形成了不同类型的环境话语，并影响生活垃圾污染的治理模式。

根据建构主义的分析视角，环境话语可以作为农村生活垃圾处理的一个理论概念。地理学家巴恩斯和邓肯将话语定义为"包括叙述、概念、意识形态和表意实践的特殊组合"。② 里德斯科格认为，环境话语维度"只是众多社会学分析维度中的一种"。③ 赫恩德和布朗为环境话语的分析条理化地提供了一种基础性探索。他们的"环境话语修辞模型"由三个圈构成，每个圈占据三角形的一角。位于三角形顶端的是"规制话语"，是由那些负责决策和制定环境政策的权力机构制定。在这里，自然被视为一种资源。位于三角形右下角的是"科学话语"，在这里，自然是一个通过科学方法建构起来的认知对象。政策制定者通常将其决策建立在科学话语的基础上，特别依赖技术性的数据和专家的话语。在三角形的左下角，与科学话语相对的是"诗意话语"，这种话语以种种强调自然的美丽、灵性和情感力量的描述为基础。他们认为这三种强大的环境话语并不是相互排斥的，相反，它们最后往往融合在一起。④

基于已有研究对环境话语的分类，并结合本土实践经验和理论研究，本研究对环境话语分类进行调整和完善以形成本研究的分析框架。根据赫恩德和布朗的研究，我们围绕农村生活垃圾处理展开研究，形成了"规制话语"、"科学话语"与"生活话语"。其中，"生活话语"是基于"诗意话语"进一步扩展具体内涵，把中国农民日常生活纳入环

① 约翰·汉尼根：《环境社会学》（第二版），洪大用等译，北京：中国人民大学出版社，2009 年，第 34 页。
② T. J. Barnes and S. Duncan J. (eds.), *Writing Worlds*: *Discourse*, *Text and Metaphor in the Representation of Landscape*, New York: Routledge, 1992, pp. 1–17.
③ R. Lidskog, "The Re-naturalization of Society? Environmental Challenges for Sociology," *Current Sociology*, Vol. 49, No. 1, 2001, pp. 113–136.
④ C. G. Herndl and S. C. Brown, "Introduction", in C. G. Herndl and S. C. Brown, *Green Culture*: *Environmental Rhetoric in Contemporary America*, Madison, W. I.: University of Wisconsin Press, 1996, p. 12.

境话语体系之中，强调自然的生态、优美、和谐的状态。中国农民具有强烈的乡土性，[①] 与土地、自然之间有特殊的情感，围绕自然形成了一系列生产、生活方式，实现了人与自然的和谐共生。同时，从农村生活垃圾处理的阶段来划分，"规制话语"、"科学话语"和"生活话语"分别代表了三种不同的类型，围绕不同的主体和内容形成了与之对应的生活垃圾处理方式。当然，从实践经验来分析，三者并不是截然分开的，很多时候相互交织在一起，只是在某一时空中某类环境话语表现得更为明显。

就我国农村生活垃圾处理而言，阶段性差异和区域性差异是生活垃圾处理的重要特征。不同时空背景下不同主体在农村生活垃圾处理中发挥各自的作用，并在某一阶段由环境话语影响农村生活垃圾的处理。政府管理、市场主体与公众（当地居民）参与成为影响农村生活垃圾处理最为关键的因素。这些因素在不同时空背景下决定了农村生活垃圾的处理方式，也影响了农村人居环境整治的总体情况。其中，政府管理是指中央政府、地方政府通过政策、制度以及行政手段来影响农村生活垃圾处理。市场主体是指把各类先进的科学技术引入农村生活垃圾处理体系的企业，可以改变农村生活垃圾的处理方式，尤其是数字化、智能化技术的出现有可能完全颠覆人们对生活垃圾处理的认知。公众参与则是指当地居民在农村生活垃圾处理过程中开展的各类行动。农村生活垃圾处理的环境话语类型如表 1 所示。

表 1　农村生活垃圾处理的环境话语类型

	规制话语	科学话语	生活话语
话语分析	农村生活垃圾问题凸显	农村生活垃圾处理的减量化、资源化与无害化处理，采取科学的手段	农村生活垃圾处理应发挥多元主体的效用，农民应发挥主体作用
核心主体	政府	市场（技术专家）	当地居民

---

① 费孝通：《乡土中国》，北京：人民出版社，2008 年，第 4~6 页。

续表

	规制话语	科学话语	生活话语
主要影响	推动农村生活垃圾处理"从无到有"，形成生活垃圾的处理机制	构建农村生活垃圾分类机制，在前、中、后端处理环节引入专业技术促进生活垃圾分类	实现农村生活垃圾处理的多元主体参与，促进生活垃圾处理与农村生产生活相结合

为了更好地展开分析，我们设置了规制话语、科学话语、生活话语三种理想类型。如果政府管理在农村生活垃圾处理中发挥主要影响，就形成了垃圾处理的"规制话语"外部结构；如果利用科学技术来影响农村生活垃圾处理，就形成了垃圾处理的"科学话语"外部结构；如果当地居民通过自身的行动来应对生活垃圾的影响并发挥主要作用，就形成了垃圾处理的"生活话语"外部结构。当然，这三种情况只是基于研究需要而进行的设定，从分类角度来看还存在其他多种情况。同时，从一个稳定的环境治理结构来分析，不同的影响条件之间存在一个核心因素来保持治理结构的稳定，否则，治理结构将会失去平衡，容易出现混乱。在一个特定的时空中，农村生活垃圾处理的环境话语存在多种组合，形成了截然不同的环境治理方式，在农村生活垃圾处理中形成了多种方式。

本研究将围绕环境话语的分析框架，选取浙江部分村庄作为调查点，对农村生活垃圾处理方式进行案例分析，然后就一般时空背景下农村生活垃圾处理的不同类型环境话语建构的社会文化逻辑进行学理分析。

三 规制话语：以各级政府为主导的环境管理

现代农村生活中，生活垃圾主要是各种塑料制品，难以在村庄内部被有效消化，农民只能采取掩埋或焚烧的方式来处理，造成长期环境影响。此外，随着农民生产生活方式的改变，现代社会中的生产生活之间出现了断裂，粪尿等生活垃圾处理也面临新的难题。

（一）现实环境问题倒逼规制话语的生成

到 21 世纪初，农村生活垃圾问题已经比较突出，生活垃圾已经成为农村的主要生活污染源。由于农村生活垃圾数量缺乏官方统计数据，只能借助部分学者的学术研究成果来辅以说明。根据唐丽霞和左停对全国 26 个省（自治区、直辖市）141 个村庄的调查，农村生活垃圾污染占全部垃圾污染的 49.53%，成为绝大多数村庄的主要污染源，且绝大部分村庄出现环境污染是从 20 世纪 80 年代和 90 年代开始，与农业化工化和乡镇企业的发展有关。[①] 王金霞等的调查数据显示，农村生活垃圾人均日排放量接近 1kg，该结果大于 2006 年中国饮用水与环境卫生现状调查在全国 31 个省（自治区、直辖市）6590 个村调查得到的数据（0.9kg）。[②]

农村生活垃圾年均排放量呈现增长趋势，根据计算，2010 年我国农村生活垃圾总排放量约为 2.34 亿吨，而 2000 年的垃圾排放量为 1.4 亿吨，十年间我国农村生活垃圾排放量实际增长了 67.1%。与此相对的是，农村生活垃圾回收与处理能力却较低。王金霞等对 123 个村庄进行调查发现，只有 57% 的村配备有垃圾池、箱等设施。从垃圾清运情况来看，具备专门垃圾清运能力的村庄也较少，占总样本的 72%，农村生活垃圾处理方式普遍较为落后。[③]

从村庄层面来进行考察也可以发现生活垃圾污染对当地环境所造成的影响。在工业化、城镇化进程中，各种外来工业制品大量进入村庄却难以被有效处理，对当地的土壤、水体、大气等造成了污染。基于长三角地区农村环境治理的调查实践，本研究发现绝大多数村庄都经历

---

① 唐丽霞、左停：《中国农村污染状况调查与分析——来自全国 141 个村的数据》，《中国农村观察》2008 年第 1 期。
② 王金霞、仇焕广、白军飞、黄开兴：《中国农村生活污染与农业生产污染：现状与治理对策研究》，北京：科学出版社，2013 年，第 14 页。
③ 王金霞、仇焕广、白军飞、黄开兴：《中国农村生活污染与农业生产污染：现状与治理对策研究》，北京：科学出版社，2013 年，第 14 页。

了生活垃圾污染不断加重的过程，具有特定的时空背景。以浙西童村①为例，该村在 2009 年开展"精品村"建设之前面临严重的生活垃圾污染状况。

> 我们开始搞"精品村"之前，村庄的环境卫生状况比较差，那个时候农村生活垃圾、生活污水都没有得到有效处理。村民把各种生活垃圾倾倒在田间地头、沟渠里，随着雨水的冲刷进入水体环境中容易形成污染问题。各种生活污水也不经处理直排外部环境，容易造成外部水体、土壤的污染问题。村里面整体环境卫生状况也比较糟糕，可以用"污水横流、垃圾满天飞、畜禽粪便遍地"来形容。（20180823 童村童书记访谈录）

从村庄的角度来分析，农村生活垃圾污染问题的形成是一个长期积累的过程。改革开放以来，农民的生产生活方式随工业化、城镇化发生了较大的改变，尤其是各类外来工业制品给农村环境带来了较大的环境影响。农民面对各类塑料制品生活垃圾无能为力，因为以往的生产生活手段都无法应对各类合成化学元素，只能采取随意堆放、简单焚烧等方式来应对。

所以，现实的环境问题促使环境规制话语的产生。面对农村人居环境状况的不断恶化以及生活垃圾处理不到位、处理不及时等问题，加之公众舆论的反映以及现实状况的倒逼，促使政府成为环境规制话语的主要执行者，即政府作为主要的环境管理者应出台制度和措施来应对农村环境问题，有效处理生活垃圾不断增多的不利局面，尽可能为农村居民创造一个良好的生活环境。在这一时期，由于农村生活垃圾问题不断凸显，在社会内部逐渐形成了环境规制话语，成为占据主导地位的环境话语类型。

---

① 本文涉及的人名、地名均已匿名。

（二）环境规制话语的传播与强化

一是环境群体性事件促使环境规制话语的加强。改革开放以来，农村生活垃圾污染逐渐累积，产生的危害已经影响当地农民日常的生产生活。生活垃圾的长期堆放容易形成一系列有毒有害气体污染当地大气环境；垃圾产生的渗滤液进入土壤、水体之后会影响当地居民的饮用水和食品安全；垃圾随意堆放对村容村貌造成较大影响，有碍村庄整洁。基于上述影响，当地居民对环境污染带来的影响也开始产生强烈的反应，尤其是随着环境污染的加剧容易引发各类疾病。为应对公众对农村生活垃圾问题的反应和担忧，地方政府势必需要采取措施来予以解决，避免各类环境污染纠纷与矛盾的升级。

农村环境群体性事件是传播和强化环境规制话语的直接影响因素。从媒体报道和学术研究等方面可以看出，农村环境群体性事件是当时的热议话题，这也直接促使各级政府采取措施来应对越来越突出的环境问题。

我们根据金华金东区农村生活垃圾污染状况为例来进行说明，2010年前后农村的环境卫生状况十分令人担忧，农村人居环境整体较差。

> 我们还没搞垃圾分类之前，全村的生活环境状况堪忧，生活垃圾、生活污水都没有得到有效处理，老百姓的怨声很大。（20180825金东区陆家村楼书记访谈录）

二是政府间环境规制话语的传递和传播。相比于社会舆论形成环境规制话语的间接性，政府间环境规制话语的传递则显得更直接。中央、省级政府层面形成的环境规制话语，必然会在政策、制度以及行政指令中有所体现，使下级政府受环境规制话语的影响不断加重。特别是在当前的政府政绩考核体制之下，地方政府在开展农村生活垃圾处理的具体工作时，时刻会受到来自上级政府部门的环境话语影响。以

2003 年浙江省实施的"千村示范、万村整治"工程为例，正是为了实现党的十六大提出的全面建设小康社会的奋斗目标，必须统筹城乡经济社会发展，更多地关注农村，关心农民，支持农业，把解决好农业、农村和农民问题作为全党工作的重中之重。在环境规制话语的时空背景下，地方政府需要结合地方实际情况制定一系列执行措施应对农村生活垃圾问题，采用行政指令的方式进行实践操作。

区县级政府层面也时刻受到环境规制话语的影响。浙江金华金东区作为全国最早开始全域推广农村生活垃圾分类的地区之一，早在 21 世纪初就开始尝试农村生活垃圾处理，从最开始的农民自行随意处理生活垃圾到"村收、镇运、县处理"，再到"户分、村收、镇运、县处理"。环境规制话语已经在区县级政府层面形成了浓厚的治理氛围，地方政府自发地把农村生活垃圾处理纳入日常工作安排中，并结合实际情况来推进工作的开展。金华金东区正是在规制话语背景下，立足于当地农村社会的实际情况，创新已有的农村生活垃圾处理方式，较早地推动当地农村建立生活垃圾分类机制来应对环境污染。

环境保护是国家发展的大势所趋，一直以来我们都十分重视农村生活垃圾处理。上级政府也把农村环境治理作为重要的日常工作来开展，我们基层政府在应对农村生活垃圾问题时也尝试创新各种治理机制，有效地落实上级政府政策与改善农村人居环境。（20180824 金东区农办工作人员陈先生访谈录）

（三）规制话语下地方政府的环境行动

在环境规制话语的影响下，国家与政府开始重视农村环境治理，并把生活垃圾污染作为单独的一个方面进行管理。

第一，从制度方面来看，21 世纪以来应对农村生活垃圾问题的政策不断增多。2002 年，《全国生态环境保护"十五"计划》规定，"十五"期间，要抓住农业产业结构调整和加快小城镇建设的契机，在大力发展农业和农村经济的同时，把控制农村生产和生活垃圾污染、改善农村环境质量作为环境保护的重要任务，鼓励发展低污少废的生态农业、有机农业和节水农业，努力实现生态环境保护与经济社会发展双赢。2007年，《全国生态环境保护"十一五"规划》规定，生活垃圾实现定点存放、统一收集、定时清理、集中处理；采取分散或相对集中、生物或土地等多种处理方式，因地制宜推进乡镇生活污水处理；结合旧村改造、新村建设，美化村庄环境，改善村容村貌。2009年，《关于实行"以奖促治"加快解决突出的农村环境问题的实施方案》指出，自2008年下半年以来，对采取有力措施使严重危害农村居民健康、群众反映强烈的突出污染问题得到解决的村镇，国家实行了"以奖促治"政策，以激励和促进地方人民政府及社会各界加大农村环境保护投入，稳步推进农村环境综合整治。其中，农村生活污水和垃圾处理成为"以奖促治"政策的重点支持内容。有学者基于农村生活垃圾处理的政策文本进行了统计，结果显示，相关的政策文件近年来逐渐增多，强化了对农村生活垃圾处理的管理。①

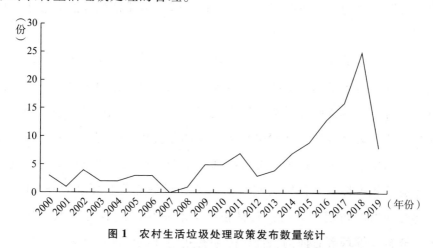

图1 农村生活垃圾处理政策发布数量统计

---

① 李成、王丽娟、李熙：《农村生活垃圾治理：政策历程、效果及展望》，《江苏农业科学》
2020年第19期。

国家政策的出台，标志着农村生活垃圾处理开始得到中央政府的重视，规制话语成为这一阶段的主要话语。政府的环境管理体系是一个科层制结构，自上而下形成"压力型体制"，即下级政府需要按照上级政府的政策来实施环境管理，对农村生活垃圾环境污染进行有效治理。如果下级政府不按照中央或者上级政府的政策要求开展农村生活垃圾处理，则将会面临被问责或政绩考核不合格的情况。在这一时空背景下，政府出台的农村生活垃圾处理政策成为推动各地农村开展环境治理的主要力量。

第二，从具体措施方面来看，政府采取一系列举措来应对农村生活垃圾污染问题。在农村生活垃圾政策与制度的影响下，地方政府开始采取各类措施来有效应对生活垃圾问题。2003年，浙江省启动"千村示范、万村整治"工程，以农村垃圾集中处理、村庄环境整治入手，推动农村人居环境的整治。在这一时期，地方政府结合中央政策，开始在农村地区探索生活垃圾处理机制。如浙江金华市余村就在村内推行"户集、村收、镇运、县处理"的垃圾处理模式，村民在日常生活中需要把生活垃圾集中堆放到一起或者投放进统一的垃圾桶，村庄的保洁员就会统一收走，镇里统一运送，并由县里进行生活垃圾的填埋或焚烧处理。

以农村生活垃圾分类为例，在环境规制话语下，地方政府往往是先行者。从环境规制话语的实施主体来看，地方政府在很多时候是主要执行者，即通过地方政府采取具体措施来应对农村生活垃圾污染问题。从农村生活垃圾处理的实际情况来看，大部分村集体经济实力有限，难以有效推动生活垃圾处理事项的持续开展；而从村民个体角度来看，其缺乏相应的积极性与责任感去应对生活垃圾污染等公共环境问题。因此，从地方政府的角度来分析，其具备推动农村生活垃圾处理的人员、技术、资金、管理等方面的条件，能够有效地开展生活垃圾处理，推进农村环境治理工作的有序开展。在规制话语之下形成了政府的规制行动，以地方政府的规制行动来促使农村生活垃圾处理体系的建设，解决社会公众所关注的社会问题。

四 科学话语：以市场主体为核心的环境治理

以政策制度和行政管理为主的环境规制话语形成之后，农村生活垃圾处理逐渐进入正轨，这一过程中如何有效处理生活垃圾越来越引起人们的重视。以往处理生活垃圾主要是采用填埋方法，但随着生活垃圾产生量的快速增加、填埋空间有限以及填埋的后续影响等，生活垃圾处理面临一系列新的问题。如何有效地、科学地处理生活垃圾，并实现垃圾的资源化、无害化、减量化处理越来越成为当前农村生活垃圾处理需要考虑的问题。从发达国家的处理经验和农村生活垃圾的实际情况来看，倡导生活垃圾分类成为主要的应对措施，以技术影响为主的环境"科学话语"也随之产生。

（一）环境管理困境背景下科学话语的形成

随着农村生活垃圾集中式处理之后，越来越多的生活垃圾处理问题也随之暴露出来。一是，生活垃圾填埋的空间越来越少。随着城乡居民生活水平的快速提高，居民的购买力也开始提升，生活垃圾随之增加。以杭州目前的大型垃圾填埋场——天子岭垃圾填埋场为例，2007年规划时的设计容量可用 24 年半，但实际每日生活垃圾填埋量已达5408 吨，估计只能再使用 5 年左右。[①] 所以，生活垃圾填埋处理方式面临困境，迫使生活垃圾处理方式转型，以实现生活垃圾的减量化、资源化与无害化处理。农村生活垃圾处理同样面临上述问题，各地开始探索就地就近处理生活垃圾的方式，减少生活垃圾的填埋量，提高垃圾的资源化利用率。二是，围绕生活垃圾处理形成了一系列社会问题。随着生

[①] 《杭州拉响"垃圾围城"警报 规划新建垃圾焚烧厂》，中华人民共和国中央人民政府网站，2014 年 4 月 28 日，https://www.gov.cn/xinwen/2014-04/28/content_2667584.htm。

活垃圾数量的快速增长，垃圾填埋场、垃圾焚烧厂建设的需求也在不断提高，但与之相关的"邻避运动"也时有发生，公众呼吁生活垃圾处理更加科学化、公开化与透明化。

这一时期，由于面临生活垃圾处理的各类问题，环境科学话语逐渐形成，全社会越来越倡导以科学有效的垃圾处理方式来应对生活垃圾问题。科学话语成为这一时期的主导话语，掌握环境科学技术的专家逐渐成为生活垃圾处理过程中的主导力量，尝试以科学、合理的生活垃圾处理技术来应对生活垃圾问题。例如，技术专家倡导推行生活垃圾分类，以实现生活垃圾的减量化、资源化与无害化处理。一方面，规制话语下的农村生活垃圾处理方式越来越难以满足当地居民的需求，需要寻求更科学、更合理的方式来应对。而以科学、权威著称的各类专家提出了农村生活垃圾处理的更有效的方法并发挥了实际效果，有效地促使全社会按照其话语来推进生活垃圾分类，科学话语逐渐成为这一时期的主导话语。另一方面，科学话语是经济社会发展到一定阶段的产物，即市场、技术、公众意识的发展为科学话语的形成奠定了相应的社会基础。由此，社会内部会形成以科学、技术为核心内容的环境话语。而这类科学话语在全社会层面能够较好地被社会大众所接受，成为社会的主流环境话语，并逐渐影响有关农村生活垃圾处理的实践环节。

（二）市场主体与科学话语的有机结合

科学话语的形成是农村生活垃圾处理实践面临各类困难与问题的结果。随着农村生活垃圾处理进入新的阶段，需要更加专业、有效和合理的生活垃圾处理方式来应对日益严峻的生活垃圾问题。科学话语之下的技术治理方式需要专家、技术人员来进行操作，而这些人员往往依赖企业的财力支持来推进新技术的研发，因此，企业中的专家、技术人员成为主要影响力量。所以，这就需要越来越多的市场主体进入这一领域，并利用政府的行政管理机制来进一步强化科学话语在生活垃圾处理过程中的影响力。

市场主体在农村生活垃圾处理过程中具有逐利取向。各类生活废弃物通过资源化利用以及政府补贴等方式可以使市场主体获得经济利益，促使市场主体采取各类先进的科学技术来应对生活垃圾处理问题。相比于政府直接进行农村环境管理，市场主体在农村地区引入科技手段更具有积极性也更具效率，因其把最有效的环境治理技术与农村生活垃圾处理相结合。面对政府环境管理中出现的失灵问题，科学话语下的市场主体更善于利用各类先进技术来推进农村生活垃圾处理，也进一步吸引各类市场主体参与农村环境治理，改变原来以政府环境管理为主的单一农村环境治理模式。

市场主体在农村生活垃圾处理等环境治理中发挥的作用越来越明显，进一步塑造了环境治理的科学话语。不同于规制话语管理主体的不可替代性，随着市场主体在农村环境治理中发挥的效用越来越大，科学话语吸引了更多的市场主体进入农村环境治理领域，市场主体竞争性随之升高，进而农村生活垃圾处理与技术创新之间的联系也会加强。随着市场主体在农村生活垃圾处理等环境治理领域的重要性不断加强，与之对应的科学话语的影响力也会越来越大，并逐步成为主流的环境话语。

可见，在科学话语背景下，市场主体与科学话语之间形成了相互促进的关系。一方面，科学话语因规制话语遭遇现实困境而越来越受到环境治理专家的青睐，成为这一阶段的主流环境话语，进而吸引市场主体进入农村，引入各类创新治理技术来应对农村生活垃圾处理等环境问题。另一方面，随着市场主体进入农村环境治理领域，生活垃圾处理与科学技术手段之间的联系不断加强，市场主体之间的竞争性提高，助推科学话语成为主流环境话语。

（三）科学话语下市场主体的技术治理

随着环境治理要求的提高和垃圾填埋方式的局限，生活垃圾需要进一步的精细化治理，实现垃圾的减量化、资源化与无害化处理。生活垃圾分类是一项系统工程，从前端源头分类、中端分类运输到末端分类处理，都需要引入现代科技来予以支撑。首先，从前端源头分类来看，有的地区采用"可腐烂""不可腐烂"的两分法，有的地区采用"可回收物""易腐垃圾""其他垃圾""有害垃圾"的分类法。这些分类法都有相应的科学依据，需要根据末端生活垃圾分类处理的技术手段来进行设定，否则，前端垃圾分类不准确、不科学，末端分类的有效处理也难以实现。其次，从中端分类运输情况来看，不同类型的生活垃圾需要对应不同的方法来运输，并与末端分类处理有效地结合起来。例如，对有害垃圾而言，需要采用专门的运输车辆向有毒有害垃圾处理中心运输，避免有毒有害垃圾遗漏而造成环境污染问题。最后，从末端生活垃圾处理机制来看，需要根据不同类型的生活垃圾进行分类处理。例如，可回收物可以进行回收，实现资源再利用；易腐垃圾需要经过生物发酵，形成有机肥用于农业生产；其他垃圾则进入垃圾焚烧厂实现发电发热，增加能源供应；有害垃圾需要进行安全化处理，减少环境污染的危害。

随着农村生活垃圾分类的数字化、智能化水平的进一步提升，技术的影响力进一步提高。在农村生活垃圾分类处理的过程中，越来越多的分类知识、技术、标准、要求等要素融入垃圾处理，因而垃圾处理变得更加科学化、精细化与规范化。在农村生活垃圾分类处理系统形成之后，由于前后端分类环节进行了分离，农民对不同类型生活垃圾处理的专业知识更加难以理解。农村生活垃圾分类处理方式的实施，更依赖专业知识和先进技术，改变了以往单一的垃圾处理方式，需要进一步依托专业技术公司和设备来完成垃圾分类处理工作。以浙江省长兴县码头村的生活垃圾分类所使用的抓拍技术为例，为了更好地激励当地农民开展生活垃圾分类，当地引入了一家网络公司的数据平台来推进生活垃圾分类工作的有序开展。

我们村集中式垃圾厢房的在线抓拍技术是引入了杭州某网络

公司的数据平台，维持设备的稳定、有效运行。目前，这些数据在我们村委大楼和县农业部门都可以看到，有效地推进村民自觉地开展生活垃圾分类。整套设备运行的维护费用，每年需要 2 万元。（20220311 长兴县码头村张书记访谈录）

在科学话语的影响下，农村生活垃圾处理进入了精细化分类处理阶段，需要专业市场主体运用各类技术治理方式来推进农村生活垃圾分类。不同于规制话语背景下政府是主要的环境管理者，科学话语主要是由各类专家、技术人员和企业等市场主体掌握，形成了技术治理占主导地位的局面。所以，在科学话语中，垃圾分类、二维码、大数据、在线监控、数据平台等专业性词语成为具有代表性的技术治理标志。一方面，各类专业技术公司等市场主体把握主要的科学话语，成为农村生活垃圾分类过程中技术治理的主导；另一方面，当地的村民面对专业化、科学化、标准化的技术治理应用，需要改变原有的生活垃圾处理习惯，尝试学习和接受各类新的科学话语和技术治理方式。例如，以农村生活垃圾分类标准为例，农民需要准确地分辨可回收物、易腐垃圾、有害垃圾、其他垃圾的分类标准与具体内容。从知识学习和分类行为培养的角度来看，这对农民来说是一项不小的挑战。

五 生活话语：以当地居民为主体的生态实践

日本学者鸟越皓之曾提出，环境治理需要结合当地居民的现实需要来展开，形成了"生活环境主义"。[①] 与此类似，"生活话语"也主张把农民的生产生活需求与农村生活垃圾处理等环境治理结合起来，并发挥农民自身在环境治理中的主体作用。

---

① 鸟越皓之：《环境社会学——站在生活者的角度思考》，宋金文译，北京：中国环境科学出版社，2009 年，第 51 页。

（一）多元主体参与治理下的生活话语塑造

经历了"规制话语"和"科学话语"之后，"生活话语"逐渐成为农村环境治理的重要指向。政策层面开始尝试在农村环境治理过程中塑造以农民为主体的"生活话语"。从中央政府层面来看，早已出台相关的政策来推进农民参与农村环境治理。2018 年，中办、国办印发的《农村人居环境整治三年行动方案》指出，动员村民投身美丽家园建设，保障村民决策权、参与权、监督权，发挥村规民约作用，强化村民环境卫生意识，提升村民参与人居环境整治的自觉性、积极性、主动性。2021 年，中办、国办印发的《农村人居环境整治提升五年行动方案（2021—2025 年）》提出，坚持问需于民，充分发挥农民的主体作用。可见，在农村人居环境整治过程中，决策主体也已经认识到现有环境治理方式难以长久有效地发挥作用，需要立足于农村社会，发挥农民在生活垃圾分类中的主体作用。

随着农村生活垃圾处理进程的推进，规制话语下的政府治理和科学话语下的技术治理面临一系列新问题，环境治理面临失灵的困境。以地方政府和技术专家为主导的环境治理主体逐渐意识到农民在农村生活垃圾分类中的重要作用，倡导建立多元主体参与农村环境治理的模式。从实践层面来分析，农民作为长期生活在农村的主体，熟悉农村的自然地理、产业经济、地方文化、社会关系等，对环境治理有自己的理解与想法。同时，农村环境治理需要与农村的生产生活进行有机衔接，以符合农村生产生活特点的治理方式来推进生活垃圾分类。在实地调查过程中，我们经常遇到农村生活垃圾分类搞不下去的问题，很多农村难以构建持久有效的生活垃圾分类体系。在农村生活垃圾分类起步阶段，地方政府、市场主体都会投入大量的人力、物力和财力来开展生活垃圾分类，利用各类奖励机制来激励农户开展生活垃圾分类。但随着分类时间的拉长，无论是地方政府还是市场主体都缺乏足够的物质保障和稳健的管理机制持续地开展农村生活垃圾分类，而大部分村庄则缺乏足够的集体经济来支持垃圾分类。所以，在实践过程中，农村生活垃圾分类遭遇了各类现实困境，倒逼环境话语转向，必须把农民纳入进来，构建多元主体共同参与机制，发挥农民在其中的主体作用。生活话语倡导把农民纳入农村生活垃圾分类体系，把生活垃圾分类与农村的生产生活联系起来，以最合理、有效的生活垃圾分类方式来推进农村环境治理。

（二）生活话语维持的社会基础

生活话语的维持是基于一系列社会基础的支持。从农民环境意识的提升、村庄规范的影响、治理机制的建设等方面来看，农村生活垃圾处理愈加重视农民自身的参与和实践，在规制话语、科学话语之后逐渐形成了生活话语。

经过长时段的农村环境治理实践之后，农民在生活垃圾处理过程中也逐渐认识到农村环境治理需要自身的参与，形成了自觉的环境参与意识。农民在规制话语和科学话语背景下表现为一种被动参与的形式，更多是配合地方政府、村干部和市场主体来推进农村生活垃圾处理。但是，农民被动的参与缺乏可持续性，物质激励方式不具有长期性，物质激励停止之后农民垃圾处理行为又回到原点。此外，在规制话语和科学话语之下，农民的决策和表达权利受到限制，致使生活垃圾处理方式与农村的生产生活模式并不契合。随着农民环境意识在环境治理过程中不断提升，农民逐渐形成主动参与农村环境治理的意识，这为生活话语的维持奠定了良好的社会基础。

基于农村熟人社会的社会结构和社会关系，村庄生活垃圾处理机制逐渐建立健全。不同于政府的环境管理和市场的技术治理，村庄环境治理机制内生于村庄内部，与农民的生产生活有机衔接。这类村庄生活垃圾处理机制立足于农村社会结构，通过村民自治方式来推进农村环境治理，且有效地利用村庄内的人情、面子、关系等要素来影响农民的环境意识和环境行为。例如，浙中陆家村在推进农村生活垃圾分类机制建设过程中，通过党员联系户、妇女检查团、清运员现场示范等方式来帮助农民养成垃圾分类习惯，逐渐让农民养成自觉进行生活垃圾分类的习惯。此类村庄环境治理机制更具有持久性，以最小的成本投入获得最大的环境效益、经济效益和社会效益，为生活话语的维持提供了有利的条件。

从农村环境治理过程来看，各类村庄规范对村庄环境治理的形成有重要的保障作用，也有力地促进了生活话语氛围的保持。地方政府的环境管理与市场主体的技术治理具有明显的外部性，相应的管理制度和治理规范并不符合农民的需求。而从生活话语的形成与维持过程来看，内生于农村社会的环境治理规范是促进农村生活垃圾处理的重要条件，能够以符合农村社会特点的制度规范来塑造农民的环境行为。随着各类村庄环境治理规范的制定，越来越多的农民开始参与农村环境治理，进一步维持了农村环境治理的生活话语。

（三）当地居民生态智慧的挖掘与实践

基于部分成功案例的总结，我们可以在规制话语与科学话语之上提出"生活话语"，即农村生活垃圾分类处理必须回归地方社会，立足于农村社会的实际情况，发挥农民的主体作用。从生活话语的内涵来看，农村生活垃圾处理不能脱离农业、农村和农民，需要把生活垃圾处理与当地的日常生产、生活联系起来，形成与自然一体的处理机制。日本环境社会学家鸟越皓之的"生活环境主义"理论认为，在资源开发过程中需充分考虑人的需求和环境保护，在挖掘当地居民的生活智慧来保护环境的同时满足当地居民的日常生活需求，实现人与自然的和谐共生。[①] 从概念的意义上来分析，生活话语也有这样一层意思，认为只有把当地居民的生产生活与生活垃圾处理结合起来，才能实现环境

[①] 鸟越皓之：《环境社会学——站在生活者的角度思考》，宋金文译，北京：中国环境科学出版社，2009 年，第 51 页。

治理机制的调整与改善。

生活话语的形成是农村环境治理与生产生活相结合的一种结果。经历了规制话语和科学话语之后，农村生活垃圾处理依然面临很多难以解决的问题和困境。因此人们不得不思考如何进一步完善生活垃圾处理机制。农民作为农村社会的核心主体，其自身在长期的生产生活实践中形成了一系列实践经验知识，在政府支持、技术保障的条件下，农民可以形成行之有效的垃圾分类机制，促进生活垃圾的有效处理。具体来分析，生活话语的形成需要一定的条件。一方面，在特定的时空条件下，生活话语才能够逐渐产生。生活话语并不是凭空出现的。只有在前期政府制度、科学技术、治理实践的铺垫下，才能够让决策者和实践者都意识到生活垃圾处理的重点和难点。在不同的时期、不同的地区，农村生活垃圾处理的情况是有差异的，可能有的农村连生活垃圾集中处理都还没实现，而有的农村则已经建立了完善的生活垃圾分类机制。所以，生活话语的出现是"天时""地利""人和"的结果。另一方面，生活话语是多元主体共治的一种体现。在农村生活垃圾处理过程中，生活话语强调的并不是以单一的农民为治理主体开展行动，而是需要政府、企业、社会组织等主体共同参与农村生活垃圾处理，这是一种治理模式的体现。此类治理模式则需要在生活话语的引导下推广实施，唯有此，才能真正推进农村生活垃圾的有效处理。

浙中陆家村生活垃圾处理自 2009 年就开始实行，到 2014 年开始推广生活垃圾分类处理机制，经过多年的实践，到 2017 年基本形成了比较稳定的生活垃圾分类处理机制。根据实地调查，陆家村生活垃圾分类处理机制具有如下几个特征。一是立足于地方社会。农村生活垃圾处理需要因地制宜，从当地农民的生产生活习惯出发建立有效的生活垃圾分类措施与制度。例如，陆家村的厨余垃圾在村内阳光房进行发酵处理，转变为有机肥，返还到农民的苗木、蔬菜和水果种植过程中。二是以农民为行动主体。陆家村在生活垃圾分类机制中也一直面临如何有效地建立垃圾分类机制的难题。经过尝试与实践，只有发挥农民的主动性，才能推进农村生活垃圾分类。无论是通过村内的广场舞趣缘组织带动妇女进行垃圾分类，还是依靠党员联系户制度促进村民参与垃圾分类，都试图把农民纳入垃圾分类机制中，使其发挥自身的主体作用。三是形成多元主体共治的治理模式。在农村生活垃圾分类机制建设过程中，发挥农民的主体作用并不意味着不需要其他主体，而是需要建立上级政府、村干部、村民、企业与社会组织等多元主体共治的治理模式。现代农村生活垃圾的处理是一项复杂的事务，需要多元主体共同发挥作用来合作治理。

> 农村生活垃圾分类是一项非常复杂的系统工程，最开始镇里要求我们搞垃圾分类时我们也无从下手，不知道怎么推动。然后，跳广场舞的妇女同志联系起来在村里开展生活垃圾分类。之后，妇女代表联系户、党员联系户、荣辱榜、奖惩措施等一系列制度在村里面逐渐建立起来，为的就是带动老百姓自己主动参与生活垃圾分类。（20180824 金东区陆家村楼书记访谈录）

六　"触景生语"：不同类型环境话语建构的逻辑阐释

根据上文有关环境话语类型的分析，农村生活垃圾处理呈现"规制话语""科学话语""生活话语"三种类型。三种环境话语并不是截然区分的，同一时空背景下可以有两种或三种话语类型。从环境话语建构的逻辑来分析，在治理行动和社会情景的影响下，环境话语会因此发生改变形成符合当下社会情景的适当话语，并对环境治理行动产生相应的影响。

（一）环境话语建构的理论模型展示

基于农村生活垃圾处理的环境话语类型分析，我们尝试在此基础上建构环境话语类型变化的理论模型。结合帕森斯的单元行动（Unit Action）理论模型，我们尝试分析在社会情景的影响下，环境话语与治理行动之间如何相互影响与互构，形成环境话语类型变化理论模型。在单元行动理论模型中，行动者基于所处的情景和规范的影响，进行行动手段的选择来实现最终的目标或目的。环境话语类型变化模型同样受到社会情景的影响，在社会情景的影响下生成相应的环境话语。例如，在农村生活垃圾不断增多的背景下，需要政府出台政策来推进农村生活垃圾处理，规制话语也在这一时期逐步形成。受规制话语的影响，农村生活垃圾处理受到重视，形成对应的垃圾处理机制。当然，从治理行动角度来看，治理行动也会作用于环境话语，环境话语与治理行动之间存在互构关系。同时，治理行动的结果也会影响外部社会情景，进而对环境话语类型的变化产生影响。

从理论模型的建构情况来看，社会情景是一个综合的概念，它应该包括环境状况、经济发展、公众意识、技术条件、制度规范、地方文化等内容，时刻影响环境话语和治理行动。在环境话语与治理行动相互影响的过程中，社会情景是一个重要的中介变量。治理行动结果会对社会情景产生影响，如果治理行动结果符合社会预期，则会进一步加强环境话语的影响力；反之，如果治理行动结果不符合社会的预期，甚至引起较大的负面社会影响，则有可能推进环境话语类型的变化，进而改变相应的治理行动。而从环境话语与治理行动之间的关系而言，两者之间存在互构关系，即环境话语推动治理行动的形成，而治理行动的开展也有助于进一步强化环境话语的建构。环境话语类型变化理论模型如图2所示。

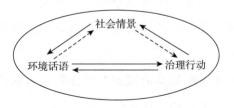

图2　环境话语类型变化理论模型

（二）社会情景触发环境话语的生成

从上述环境话语类型变化理论模型的内容来分析，社会情景是一个复杂的综合概念。我们把很多社会性因素都归入社会情景之中。社会情景类似于一个黑箱，其内部还存在复杂的作用过程，我们在分析过程中把这个作用过程忽略了。下文将尝试以"社会情景"这一表述来对分析过程进行概括。从社会情景与环境话语和治理行动的关系来看，可以从输入端和输出端来进行分析。

第一，从社会情景的输入端来分析，治理行动直接影响社会情景，且环境话语对社会情景有间接影响。环境治理结果会引起社会反响，如果符合全社会的预期，就能很好地保持经济发展、制度规范、地方文化、技术条件等的稳定，因而社会情景将会保持一种稳定状态；如果不符合全社会的预期，则有可能会造成经济发展、制度规范、地方文化、技术条件等的变化，社会情景也将会发生改变。此外，从环境话语的角度分析，环境话语也会对社会情景产生一些影响。例如，环境话语的形成可以维持对应的社会情景，以此来构建一个符合对应环境话语特征的社会情景。

第二，从社会情景的输出端来分析，社会情景直接影响环境话语的建构，即社会情景是促使环境话语生成的重要因素。社会舆论、经济发展、技术条件、制度规范等内容的改变，会造成环境话语随之变化，尤其是在经济社会状况变化较快的阶段，大部分公众的环境意识有了较快的提升，促进相应的制度规范、治理手段、技术条件等方面的改善。随着社会情景的改变，环境话语也会因此发生变化，以此来满足社会公众、政府环境管理以及经济发展的需要。与此相对应的是，治理行动在环境话语的影响下也会发生变化，按照当前的社会情景和环境话语的特点来开展环境治理，使环境治理效果符合社会公众的需求，促进人与环境的和谐共生。

（三）环境话语与治理行动的互构

从建构主义的视角来看，话语与行动之间相互影响、相互建构。科学实践大致符合许多建构主义者支持的环境保护目标和价值。科学实践包括对现代工业危害进行科学的调查。事实上，由于拥有大量的证据与合理的论证形式，建构主义研究本身就是一种科学调查的形式。[①]

环境话语促进治理行动的生成。从不同的治理阶段来分析，环境话语直接影响治理行动，且不同类型的环境话语将会形成不同的治理行动。在以规制话语为主的场景下，治理主体更倾向于利用政策制度、行政命令等强制性方式来推进农村生活垃圾处理，当治理对象违反相应的规范时，治理主体会利用惩罚机制来应对违规行为。在以科学话语为主的场景下，治理主体更善于利用知识、技术、新机制来推动环境治理工作，例如引入市场配置方式来提高管理效率。在生活话语的场景下，治理主体认识到需要把农民作为主体纳入农村生活垃圾处理中，否则，垃圾分类长效机制难以建立，也无法有效地发挥效用，因此，农民逐渐在农村生活垃圾分类中发挥重要作用。

治理行动也会强化环境话语。在不同类型环境话语影响下的治理行动，能够增强对应环境话语的社会影响力。在某一阶段，某种环境话语发挥主要影响力时，对应的环境治理行动会通过各类正向行动效果来增强环境话语的表达，引导全社会进一步认可此类环境话语带来的重要价值。在农村生活垃圾分类处理中，在专业知识、技术和经验的影响下，越来越多的村庄会受到科学话语的影响，在全社会形成较强的环境科学话语氛围。

现在垃圾分类数字化、智能化水平越来越高，越来越多的村庄都

---

① 保罗·罗宾斯、约翰·欣茨、萨拉·A.摩尔：《环境与社会——批判性导论》，居方译，南京：江苏人民出版社，2020年，第182页。

开始尝试新技术。在数字化浪潮的影响下，开展农村生活垃圾分类处理的村庄都想去引入各类新技术，对新技术的崇拜也越来越明显，似乎数字技术能应对一切问题。（20220315 平湖市石塘村李委员访谈录）

在环境话语与治理行动的互构过程中，环境话语会因实际的治理问题和困境发生转变。环境话语演变在一定程度上是现实的治理困境所推动的。当已有的环境治理行动受阻或难以发挥作用时，治理困境就会迫使环境决策者和环境管理者反思治理方式，必然会给环境话语带来一些新的改变。可见，环境话语与治理行动在不同时空背景下的演变存在互构关系，一方的改变将会引起另一方的变化，经过调整之后形成一个稳定的阶段，然后再进行变化。

七　结论

总的来说，基于实地调查和理论分析的结果，本研究指出目前农村生活垃圾处理存在"规制话语""科学话语""生活话语"三种环境话语类型。三种环境话语基于不同的农村环境治理政策、技术、组织、阶段等内容，来应对农村生活垃圾处理问题。同时，不同类型环境话语的建构，也反映了在不同的时空背景下农村生活垃圾处理所面临的现实困境，尤其是当现有处理方式难以有效应对生活垃圾问题时，新的环境话语会被建构起来。

从环境话语建构的社会文化逻辑来分析，我们尝试提出社会情景触发不同类型的话语建构，即随着环境状况、经济发展、公众意识、技术条件、制度规范、地方文化等方面的变化，农村生活垃圾处理的环境话语也会发生改变。农村社会所处的社会情景建构了与之对应的环境话语，且环境话语与治理行动之间存在互构关系。由此可以解释，在不同的社会发展阶段或不同的时空背景下，农村生活垃圾处理的环境话语类型会发生改变，并对不同类型的治理行动产生增强或者减弱的影响效果。

城市社区生活垃圾分类的嵌入性困境及其治理[*]

王泗通^{**}

摘　要：随着城市生活垃圾强制分类时代的来临，依托政策和制度将生活垃圾分类嵌入社区日常工作，逐渐成为政府推进社区生活垃圾分类的重要手段。但就实践而言，政府在向社区嵌入生活垃圾分类的过程中，由重激励社区参与到重行政驱动社区的管理思维转变，致使部分社区生活垃圾分类出现了从积极响应到消极应付的行动变化。究其原因，大多数城市在未形成完善的生活垃圾分类体系之前，特别是末端不通推前端的做法，不仅导致基层政府为了维系社区的信任关系与上级政府产生了关于生活垃圾分类的结构张力，还导致社区多元主体为了稳固日常工作而不得不展开理性行动。由此，本文提出政府应分阶段稳步推进社区生活垃圾分类工作，逐步依托政策和制度将生活垃圾分类适时、适度、适宜地嵌入社区日常工作。

关键词：城市社区　生活垃圾分类　嵌入性困境

一　问题的提出

进入 21 世纪以来，原有的混合收集、集中处置的城市生活垃圾管理方式所存在的缺陷逐步显现出来。随着城市生活垃圾种类和总量的不断增加，简单混合收运加大了末端处置的难度，进而影响了生活垃圾

　＊　本研究是国家社会科学基金后期资助一般项目"地方环境治理政策修正的利益主体行动逻辑研究"（项目号：22FSHB019）的阶段性成果。

＊＊　王泗通，南京林业大学人文社会科学学院社会学系讲师，研究方向为环境社会学。

末端处置的效率。因此，如何有效解决生活垃圾问题已成为我国大部分城市普遍面临的现实难题。[①] 在此背景下，各地开始关注并反思生活垃圾分类回收利用的问题，并积极开展生活垃圾分类试点工作。特别是到2000年，建设部为了有效降低生活垃圾分类产量和提高资源利用效率，选取北京、上海、广州、深圳、杭州、南京、厦门和桂林八个城市开展以城市为单位的生活垃圾分类试点工作，由此也标志着我国生活垃圾分类正式进入国家政策层面。按照2000年垃圾分类试点工作的要求，各个生活垃圾分类试点城市陆续选取试点街道和试点社区，自上而下开展生活垃圾分类试点工作。试点城市政府扮演发起者和推动者的角色，出台相关生活垃圾分类指导政策，并从组织、财政、物力等方面给予支持。[②] 在政府的推动下，城市社区成为落实和推进生活垃圾分类的重要力量。但就试点城市实践效果而言，城市社区生活垃圾分类进展相对缓慢，分类收集率较低，效果不尽如人意，生活垃圾分类获得成功的案例少之又少，多数试点城市社区陷入难以分类的境地。

由此，学界就城市生活垃圾分类试点失败的原因及其破解策略展开了广泛的讨论。有学者提出，政府垃圾分类动力不足、居民垃圾分类意识不强、回收市场机制缺失以及末端处理设施不健全等因素都是导致生活垃圾分类试点失败的原因所在。[③] 也有学者认为，城市生活垃圾分类试点失败的重要原因在于试点不能使整个城市的分类行为形成统一整体，出现有的社区需要分类而有的社区又不需要分类的局面，从而导致试点社区更多只是象征性地应付生活垃圾分类的政策要求。[④] 因此，很多学者指出，破解城市生活垃圾分类困境的关键在于出台城市生

---

① 丁建彪：《政策效能缺失视域下的"垃圾围城"治理研究》，《行政论坛》2016年第5期。
② 陈阿江、吴金芳等：《城市生活垃圾处置的困境与出路》，北京：中国社会科学出版社，2016年，第13页。
③ 杜欢政、宁自军：《新时期我国乡村垃圾分类治理困境与机制创新》，《同济大学学报》（社会科学版）2020年第2期。
④ 范文宇、薛立强：《历次生活垃圾分类为何收效甚微——兼论强制分类时代下的制度构建》，《探索与争鸣》2019年第8期。

活垃圾强制分类政策，使社区生活垃圾分类由自愿性和鼓励性转变为责任性和约束性。① 2019 年《上海市生活垃圾管理条例》的正式实施，标志着城市生活垃圾正式进入强制分类时代。随后，北京、广州、杭州、南京等城市也陆续颁布生活垃圾分类强制条例。然而，这些已颁布强制生活垃圾分类政策的城市的社区生活垃圾分类依然陷入困境，很多社区居民甚至并未知晓城市已颁布生活垃圾强制分类政策。② 为此，不少学者围绕生活垃圾分类政策的实施困境分析发现，城市生活垃圾分类政策实施过程中存在科层逻辑、市场逻辑和社区逻辑三种竞争性制度逻辑，但由于科层逻辑占据着主导地位以及过于重视政策目标控制，生活垃圾分类政策陷入制度性的嵌入性困境。③

"嵌入性"最早由波兰尼提出，主要讨论社会关系如何嵌入经济体系。④ 后经格兰诺维特将其由经济学领域引入社会学领域。格兰诺维特认为个体行为不仅会受到自身因素的影响，还会受到所嵌入的社会结构的制约。⑤ 因而，嵌入性理论为研究生活垃圾分类提供了全新的分析视角，即生活垃圾分类已然成为政府推行的制度规范，强调行政目标和科层理性。⑥ 同时，生活垃圾分类作为制度规范嵌入社区，要求社区居民在日常生活中将垃圾进行分类，但垃圾分类与社区居民已有文化习惯相矛盾，社区居民缺乏相应的生活垃圾分类意识和行动，因而产生了社区生活垃圾分类的嵌入性困境。⑦ 故而，可将城市社区生活垃圾分类

① 郭施宏、李阳：《城市生活垃圾强制分类政策执行逻辑研究》，《中国特色社会主义研究》2022 年第 1 期。

② 杨雪锋、王森峰、胡群：《垃圾分类：行动困境、治理逻辑与政策路径》，《治理研究》2019 年第 6 期。

③ 刘悦美、田明：《生活垃圾分类政策的执行困境及其发生机理——基于多重制度逻辑视角的研究》，《干旱区资源与环境》2024 年第 4 期。

④ 卡尔·波兰尼：《大转型：我们时代的政治与经济起源》，冯钢，刘阳译，北京：当代世界出版社，2020 年，第 58 页。

⑤ Mark Granovetter, "Economic Action and Social Structure: The Problem of Embeddedness", *American Journal of Sociology*, Vol. 91, No. 1, 1985, pp. 481-510.

⑥ 张郁、徐彬：《基于嵌入性社会结构理论的城市居民垃圾分类参与研究》，《干旱区资源与环境》2020 年第 10 期。

⑦ 丁波：《农村生活垃圾分类的嵌入性治理》，《人文杂志》2020 年第 8 期。

的嵌入性困境理解为政府主导下的生活垃圾强制分类政策在嵌入社区过程中对居民原有的行为习惯造成一定的冲击，导致不少社区居民在一定程度上产生了消极应付生活垃圾分类政策的情绪及行为。鉴于此，本文试图厘清各地由激励社区生活垃圾分类到试图依托强制政策将生活垃圾分类嵌入社区过程中，社区为什么会出现从积极支持到消极应付生活垃圾分类的行为及背后的复杂原因，进而寻求破解城市社区生活垃圾分类困境的治理策略，以期为各地更好地推进社区生活垃圾分类提供政策建议与思路。

二 激励到嵌入：政府主导的城市社区生活垃圾分类

我国作为世界上历史悠久的农业国家，对生活垃圾分类再利用的传统自古有之，其直接表现为传统农业重视废物再利用。[①] 传统农业的废物再利用理念对我国城市生活垃圾分类利用也产生了重要影响。勤俭节约是我国社会的优良传统，一方面，居民在居家过日子时，普遍以勤俭持家为基本原则，尽可能地增加可再利用物的使用次数；另一方面，居民还会将实在不需要而又可以再利用的废品集中卖给废旧品回收商。可以说，即使是在城市，废弃物再利用的理念也是深入人心。这在一定程度上为我国城市社区推行生活垃圾分类奠定了良好的基础。上海市政府于1995年率先提出了生活垃圾无害化、减量化、资源化处置的基本要求，由此正式拉开了城市规模化、体系化的生活垃圾分类序幕。我国主要以试点的方式推行城市生活垃圾分类，故而在尚未颁布生活垃圾强制分类政策之前，试点城市主要采用以奖促分的方式调动社区参与生活垃圾分类的积极性。然而，以奖促分方式的并未在根本上破解社区生活垃圾难分类的难题，这也使得越来越多的试点城市认为只

---

① 陈阿江：《农村垃圾处置：传统生态要义与现代技术相结合》，《中国社会科学报》2012年1月30日，第3版。

有依靠完善的生活垃圾强制分类政策才能在源头上将生活垃圾分类嵌入社区日常工作，才能从根源上破解社区生活垃圾难分类的困境。[①]

（一）以奖促分：激励社区参与生活垃圾分类

在未颁布生活垃圾强制分类政策之前，大多数试点城市对于不参与生活垃圾分类的社区居民并没有相应的约制措施，致使社区居民多是按照自愿原则决定是否参与生活垃圾分类。为此，不少试点城市在推进社区生活垃圾分类时以激励为主，在实践中形成形式多样的激励措施。

一是重视对做好社区生活垃圾分类居民的精神激励。比如，南京等城市主要以评选"优秀生活垃圾分类个人""优秀生活垃圾分类家庭"等方式激励社区居民积极参与生活垃圾分类。[②] 杭州等城市还以"致敬城市最美的人"的方式将生活垃圾分类做得较好的社区居民树立为全市"典型"，由此引导更多的城市社区居民以其为榜样积极参与生活垃圾分类。[③] 当前，"树典型"是政府管理的重要手段，政府能够以较低的管理成本，通过优劣对比的"软"功能调控社会行为。[④] 试点城市塑造"典型人物"的背后，暗含了其利用自身的话语权威为所有城市居民树立良好形象的诉求，并借助权威进行宣传，以使其他城市居民成为"典型人物"的自觉追随者。

二是以物质激励驱动社区引导居民有序参与生活垃圾分类。城市社区在一定程度上需要承担基层政府的行政任务，这也使得社区成为基层政府实现社会治理的最优选择。[⑤] 在宁波等城市推行的生活垃圾分类工作中，社区已然成为推动居民参与生活垃圾分类的重要主体。故

① 王泗通：《破解垃圾分类困境的社区经验及其优化》，《浙江工商大学学报》2019年第3期。
② 根据2020~2022年社区生活垃圾分类实地调查的资料整理。
③ 根据2020~2022年社区生活垃圾分类实地调查的资料整理。
④ 韩志明、顾盼：《价值分配的国家逻辑——以"典型政治"及其运作为例》，《新视野》2016年第5期。
⑤ 解红晖：《城市基层政府与社区自治组织的良性互动关系》，《社会科学家》2013年第1期。

而，这些试点城市将社区作为直接激励对象，并以资金奖励的方式充分调动社区居民参与生活垃圾分类的积极性。比如，宁波市政府对于生活垃圾分类做得相对较好的社区直接给予相应的资金奖励，至于这些资金奖励如何使用则完全由社区自行决定。[①] 这一举措既解决了社区生活垃圾分类缺乏管理资金的难题，又使社区拥有了调动居民有序参与生活垃圾分类的物质激励基础。

就试点城市生活垃圾分类实践而言，以奖促分的方式有力地激励了社区居民有序参与生活垃圾分类。即在试点城市精神激励和物质激励的共同驱动下，很多社区都能积极配合政府引导居民有序参与生活垃圾分类。比如，笔者在上海、南京、杭州、宁波等多个试点城市实地调查发现，政府依靠行政力量、以奖促分等方式快速推进社区生活垃圾分类工作，不少社区居民能够积极参与生活垃圾分类，并且这些居民基本上都能养成较好的生活垃圾分类习惯。然而，借助以奖促分的方式来激励社区居民参与生活垃圾分类也存在一定隐患，虽然城市社区居民能够在短时间内改变原有的生活垃圾投放习惯，但一旦政府取消相应的激励，尤其是取消相应的物质激励，不少社区居民便不再参与生活垃圾分类，这也成为以奖促分方式的重要弊端。

（二）以罚促改：嵌入社区日常"行政"工作

实践证明，试点城市仅凭激励的方式很难有效约制生活垃圾分类行为违规的居民，这就导致试点城市开始重视生活垃圾强制分类政策的制定实施。在以奖促分的实践过程中，很多试点城市政府的相关负责人曾表示，虽然奖励在一定程度上确实能够引导社区居民积极参与生活垃圾分类，但这种方式可持续性相对较差，特别是财政能力相对较弱的试点城市，根本难以长时间维系，如何将生活垃圾分类变成社区日常"行政"工作才是从源头上破解垃圾分类困境的关键。既有实践经验亦

---

① 根据 2020~2022 年社区生活垃圾分类实地调查的资料整理。

是如此，日本生活垃圾分类是世界公认的成功典范。日本基于本国居民
特点在多年的实践中制定了责任明晰的生活垃圾分类管理政策体系，
在各种强制政策的约束下，国家、各地方政府、企业、非政府组织和居
民等各个相关主体，根据明确的各自责任和义务划分，切实履行各自的
职责并相互协作，共同推动生活垃圾分类政策目标的实现。① 重视生活
垃圾强制分类政策，既可以为政府处罚生活垃圾分类违规社区提供相
应的政策依据，又可以在根源上有效约制生活垃圾分类行为违规的社
区居民。

因而，随着国家将生活垃圾分类上升到政策和制度层面，很多试点
城市也将生活垃圾分类政策化、制度化作为推进社区生活垃圾分类的
重点工作，尝试通过建立相应的政策体系，将生活垃圾分类嵌入社区日
常工作，以"行政化"手段要求社区引导居民有序参与生活垃圾分类。
由此，以罚促改逐步成为试点城市推进社区生活垃圾分类的主要举措。
一方面，试点城市在要求社区做好生活垃圾分类宣传教育的同时，对生
活垃圾分类违规行为也进行了相应的处罚，力求以适度的处罚迫使社
区改进生活垃圾分类行为。比如，上海市政府颁布的《上海市生活垃
圾管理条例》规定，"个人将有害垃圾与可回收物、湿垃圾、干垃圾混
合投放，或者将湿垃圾与可回收物、干垃圾混合投放的，由城管执法部
门责令立即改正；拒不改正的，处五十元以上二百元以下罚款"。② 另
一方面，试点城市政府以罚促改的根本目的还是试图将生活垃圾分类
嵌入社区居民日常生活，使生活垃圾分类成为社区居民的日常行为。也
只有这样，才能使社区居民在根本上养成生活垃圾分类习惯。③ 然而，
实地调查发现，很多城市在颁布生活垃圾分类管理条例后，也并未完全

---

① 吕维霞、杜娟：《日本垃圾分类管理经验及其对中国的启示》，《华中师范大学学报》（人
文社会科学版）2016 年第 1 期。

② 参见《上海市生活垃圾分类管理条例》，https://flk.npc.gov.cn/detail2.html？MmM5MGU1
YmI2OTJlODE1NTAxNjliMjdiMjYxNzZhZWVl，最后访问日期：2019 年 1 月 31 日。

③ 张璐：《公民环境法律义务的法理与实践——以垃圾分类投放为研究样本》，《中国政法大
学学报》2021 年第 3 期。

按照管理条例强制推进社区生活垃圾分类，从而导致颁布的生活垃圾分类管理条例流于形式。

三 "响应"到"应付"：城市社区推进政府生活垃圾分类的态度变化

如前所述，随着城市不断推进生活垃圾分类试点工作，做好生活垃圾分类也将逐渐成为城市环境治理的重要组成部分。[1] 在政策的激励下，大多数试点社区都能积极配合政府推进生活垃圾分类相关工作，少部分治理较好的社区，还能依托社区自治使居民在较短的时间内就能养成有序的生活垃圾分类习惯。然而，随着越来越多的试点城市将生活垃圾分类纳入政策和制度体系，不少试点城市逐渐取消激励措施，将生活垃圾分类以"行政化"手段嵌入社区日常工作，从而导致更多的社区只能依托自身基础条件推进生活垃圾分类相关工作。[2] 由此，本是试点的生活垃圾分类工作，在强制要求下，逐渐变成社区必须完成的日常工作，这就使得很多原先响应但自身基础条件一般的社区，在一定程度上也不得不以消极应付的方式被动推进生活垃圾分类工作。特别是在不少试点城市生活垃圾分类普遍存在末端不通推前端问题的情况下，很多社区认为当前做好生活垃圾分类实则是无用功，从而导致越来越多的社区以多种方式消极应付生活垃圾分类工作。

（一）积极响应：社区主动配合政府进行生活垃圾分类

在试点城市政府主导下，社区成为推进源头生活垃圾分类的关键。生活垃圾分类对于政府和社区而言都是全新的工作，如何有序地推进

---

[1] 刘传俊、杨建国、周君颖：《适配均衡与多元协同：社区生活垃圾分类的政策工具选择》，《华中农业大学学报》（社会科学版）2022 年第 3 期。

[2] 秦祥瑞、沈毅：《垃圾分类试点的社区参与分化与政府主导定位——基于 BN 市的实证分析》，《学海》2020 年第 6 期。

生活垃圾分类需要不断探索。但可以肯定的是，生活垃圾分类工作的推进，需要投入大量的人力、物力资源，因而大多数试点城市主要采用自上而下的生活垃圾分类试点模式，将源头生活垃圾分类的工作重心交由社区落实，从而使社区成为培育居民形成良好生活垃圾分类行为习惯的主要力量。[①] 相比城市政府，社区与居民之间的联系更为密切，且更熟悉居民的基本情况，因此在开展生活垃圾分类宣传、推广、监督等方面的工作时更具有优势。社区在城市生活垃圾分类工作中的主要职责便是落实政府布置的生活垃圾分类相关工作，逐步增强社区居民的生活垃圾分类意识，并协助居民自觉养成生活垃圾分类习惯。

随着试点城市逐步推进生活垃圾分类试点工作，大多数试点城市社区能积极推进生活垃圾分类工作。一方面，社区能够按照政府的要求，做好生活垃圾分类宣传、培训及入户指导工作。在宣传工作方面，很多社区能够创新宣传方式，使社区居民知晓生活垃圾分类的主要方式及其重要意义。在培训工作方面，大多数社区主要通过讲座、知识竞赛、活动奖励等形式，进一步培养、增强居民的生活垃圾分类意识。在入户指导工作方面，社区工作人员、楼道长、志愿者等群体采取不定期上门劝说、入户指导的方式，鼓励社区居民自觉养成良好的生活垃圾分类行为。另一方面，社区还能够根据自身情况，自主探索生活垃圾分类模式。在实践中有很多有条件的社区能够依托社区既有人力、物力及财力，自主探索适合本社区的垃圾分类模式，破解社区生活垃圾难分困境。比如，有的社区通过增强居民对社区的归属感，营造"全民参与"的邻里氛围，引导居民自觉、自愿参与垃圾分类；也有的社区以居民共同管理、共同监督的方式，逐步摸索出一些破解社区垃圾分类难题的实践经验。[②]

---

① 李雪萍、陈艾：《社区组织化：增强社区参与达致社区发展》，《贵州社会科学》2013 年第6 期。

② 王泗通：《垃圾分类何以能在单位社区持续推行——以"单位人"为研究视角》，《求索》2020 年第 4 期。

总体而言，在社区的积极响应下，以政府为主导的城市生活垃圾分类工作，很快便取得了较好的成果，特别是在社区生活垃圾分类方面，只要社区宣传、培训以及入户指导到位，社区居民便能较快地养成生活垃圾分类的行为习惯。

（二）消极应付：社区被动推进城市生活垃圾分类

当前，人们对社区生活垃圾分类存在一定的误解，总是简单地认为生活垃圾分类是现代社会和高文明素养的表现。因而，很多学者指出城市社区生活垃圾分类难以实现的主要原因在于居民观念落后、责任意识不强，由此提出政府只有不断加大宣传和教育投入，才能有效推进城市社区生活垃圾分类。[①] 然而，生活垃圾分类的宣传和教育并不能一蹴而就，所以很多试点城市认为城市社区生活垃圾分类是一项系统的、复杂的社会工程，需要几十年乃至几代人才能做好生活垃圾分类工作，从而导致很多试点城市的社区生活垃圾分类工作不能持续。当前我国大多数生活垃圾分类试点城市仍未建成完善的生活垃圾分类体系，末端处置技术的不完善致使生活垃圾分类陷入"重形式、轻效果"的实践窘境。

"末端不通推前端"实则是在做无用功。实践中，不少社区响应政府号召引导居民做好分类的生活垃圾仍被混收混运，直接导致社区参与生活垃圾分类的积极性大打折扣。特别是当社区工作人员要求居民做好生活垃圾分类时，不少知晓混收混运分类的生活垃圾的居民便会直接质问社区工作人员做好生活垃圾分类的意义何在。随着越来越多的社区居民知晓这些情况，他们便逐渐不再愿意参与社区生活垃圾分类，从而使得社区生活垃圾分类工作陷入进退两难的境地。比如，实地调查发现，不少社区负责人认为，如果不能解决社区生活垃圾混收混运

---

① 刘梅：《发达国家垃圾分类经验及其对中国的启示》，《西南民族大学学报》（人文社会科学版）2011 年第 10 期。

的问题，做再多的源头垃圾分类工作都是无用功，随着时间的推进，反而可能激起社区居民反感生活垃圾分类工作。① 因而，本是对资源再利用和社会可持续发展具有重大意义的社区生活垃圾分类，却变成社区苦于应付的"累"工作。

由此，试点城市很多社区由原先积极响应号召推进生活垃圾分类工作逐渐转变为被动应付生活垃圾分类工作。归根结底，生活垃圾分类试点过程中，社区更多是在政府激励下探索经验。但随着越来越多的城市政府简单地以"行政化"手段不断要求社区做好生活垃圾分类宣传、培训以及入户指导等工作，生活垃圾分类变成社区必须完成的日常工作。特别是原先响应的社区，投入了较多人力、物力以及财力仍未达到较好的生活垃圾分类效果，也就导致这些社区疲于应付政府对生活垃圾分类工作的要求。再加上很多试点城市并未完全解决末端处置问题，致使社区分类的生活垃圾仍被混收混运，这在一定程度上激起社区居民对生活垃圾分类相关工作的反感，从而影响其信任感。故而，有的社区逐渐将"等""拖""推"等策略作为应对政府生活垃圾分类的行动策略。"等"主要是政府如果不能给社区配备足够的生活垃圾分类工作资金或者不能给社区及时配备垃圾分类相应物资，社区就会选择等等再看；"拖"主要是社区在被纳入生活垃圾分类推进体系以及获得政府配备的生活垃圾分类物资后，依然会以各种理由拖延落实生活垃圾分类工作；"推"主要是社区主动增加推进生活垃圾分类工作的难度，并寻求合适的理由将生活垃圾分类这一难题推给政府。总而言之，社区采用各种策略消极应对生活垃圾分类工作，表明社区并不支持推进生活垃圾分类，这也是有的试点城市在已经颁布生活垃圾分类条例的情况下，仍难通过以罚促改来实现社区有序生活垃圾分类的重要原因。②

---

① 根据 2020~2022 年社区生活垃圾分类实地调查中对城市社区负责人的访谈资料整理。
② 冯林玉、秦鹏：《生活垃圾分类的实践困境与义务进路》，《中国人口·资源与环境》2019 年第 5 期。

四 结构张力与理性行动：城市社区
生活垃圾分类的嵌入性困境

从政府由以奖促分到以罚促改推进社区生活垃圾分类方式的转变，可以看出，很多生活垃圾分类试点城市更希望以"行政化"的手段推进社区生活垃圾分类工作。然而，城市生活垃圾强制分类条例颁布实施之后，社区仍陷入生活垃圾分类困境的事实表明，社区生活垃圾分类困境的根源在于不少试点城市既没有形成完善的生活垃圾分类政策体系，又没有充分赋予基层政府和社区自主探索生活垃圾分类模式的空间。这导致基层政府与上级政府陷入生活垃圾分类的结构张力，即上级政府为了达成生活垃圾分类工作目标，不断压缩基层政府自主空间，致使基层政府不得不消极应付上级政府不合理的生活垃圾分类工作。同样，随着上级政府以"行政化"手段向社区下压不合理的生活垃圾分类工作，也导致社区工作人员、社区物业及社区居民等多元主体不得不采用各种"合理合情"的行动策略进行消极应对。上述行为最终导致在城市政府颁布生活垃圾强制分类条例的情况下，社区生活垃圾分类陷入嵌入性困境。

（一）政府层级之间陷入生活垃圾分类结构张力

从宏观科层结构来看，政府层级之间能否形成有效合力的关键在于上下职能部门的结构张力能否维持平衡状态。[①] 上级政府职能部门执行政策的过程中，如果过度挤压下级政府职能部门的政策执行空间，就会导致政府上下级职能部门之间难以形成政策执行合力，进而可能导致政策执行出现严重偏差。[②] 城市政府在推进生活垃圾分类政策过程中

---

① 陈家建、边慧敏、邓湘树：《科层结构与政策执行》，《社会学研究》2013年第6期。

② 任彬彬：《结构张力与理性行动：地方政府社会组织登记管理制度改革的困境解析》，《理论月刊》2020年第7期。

亦是如此，生活垃圾分类政策主要由市级政府相关职能部门制定，因而在政策设计过程中往往难以做到面面俱到，再加上生活垃圾分类政策本身就存在一定的试验性，导致下级政府职能部门在执行过程中，需要不断结合实践情况，重新理解上级政府职能部门制定的政策并将政策转化为可操作的具体措施，这就要求上级政府职能部门给予下级政府职能部门充分自主施策的空间。[①] 然而，很多试点城市政府相关职能部门在推进生活垃圾分类政策的实践中，更加强调生活垃圾分类政策的刚性要求，试点城市政府往往将社区难以达成有效生活垃圾分类目标的原因归结于基层政府没有认真推动社区落实生活垃圾分类政策。故而，不少试点城市市级政府甚至直接建立针对社区生活垃圾分类效果的监督机制，从而倒逼基层政府按照市级政府相关职能部门要求督促社区有效落实生活垃圾分类政策。

由此，基层政府逐步增加了对社区生活垃圾分类的"行政化"干预，导致社区疲于应付各项生活垃圾分类工作要求，一定程度上引发社区消极应付生活垃圾分类工作。换言之，作为政府行政末梢的基层政府，需要直面广大人民群众，也就更需要与广大人民群众建立良好的互动关系。这不仅有利于基层政府顺利推进上级政府的各项工作，还有利于广大人民群众利益诉求的表达。[②] 因而，很多基层政府多采用柔性助推的方式引导社区积极落实上级政府的各项工作要求。一方面，基层政府在推进相应工作时，多会使用协商的方式与社区商讨相应工作实施的可能性，相应工作也就较为容易被社区推进。另一方面，有为的基层政府还需要体恤社区各项工作难度，毕竟城市社区的工作状态常被形容为"上面千条线，下面一根针"。社区在落实基层政府工作要求过程中，常常面临各种各样的难题。因此，在基层政府知晓社区生活垃圾分

---

① 熊万胜：《基层自主性何以可能——关于乡村集体企业兴衰现象的制度分析》，《社会学研究》2010年第3期。

② 汪锦军：《合作治理的构建：政府与社会良性互动的生成机制》，《政治学研究》2015年第4期。

类暂时难以推进时，便会就推进社区生活垃圾分类工作向上级政府汇报。比如，有的基层政府拖延社区生活垃圾分类工作的进度，有的基层政府借助向上级政府诉苦的形式在社区生活垃圾分类工作中"撂挑子"，等等。从这些都可以看出，上级政府与基层政府之间的结构张力使得生活垃圾分类工作难以嵌入社区。

（二）社区多元主体开展生活垃圾分类的理性行动

既有研究表明，政府主导的城市社区生活垃圾分类的重要症结在于，政府超负荷承担生活垃圾分类工作，忽视对社区多元主体参与生活垃圾分类行为习惯的培养，从而导致社区多元主体对政府主导的生活垃圾分类工作支持不足。[①] 很多学者提出政府应不断完善多元主体参与社区生活垃圾分类制度，引导多元主体共同参与社区生活垃圾分类，从根本上破解社区多元主体参与生活垃圾分类困境。[②] 然而大量实践表明，很多试点城市往往将社区多元主体不参与生活垃圾分类归结于各种客观原因，比如，社区工作人员将生活垃圾分类视为"边缘性工作"；社区物业更多考虑行动的机会成本，对于投入多、回报少的生活垃圾分类工作，多会理性地选择应付了事；社区居民一定程度上认为社区生活垃圾分类与其无关。殊不知，随着社区生活垃圾分类工作的稳步推进，社区不仅能够知晓生活垃圾分类的重要意义，还能发现城市社区生活垃圾分类工作存在的问题。

因此，在社区看来，如果明知当前城市生活垃圾分类工作存在问题，还一味推进，才是对政府和社区的不负责。在帕森斯看来，每个人都具有能动性，能够基于社会事实自发地选择合适的行动"手段"，进

---

① 杜春林、黄涛珍：《从政府主导到多元共治：城市生活垃圾分类的治理困境与创新路径》，《行政论坛》2019年第4期。
② 顾丽梅、李欢欢：《行政动员与多元参与：生活垃圾分类参与式治理的实现路径——基于上海的实践》，《公共管理学报》2021年第2期。

而达到所期望的目的或目标。① 同样，社区针对不合时宜的生活垃圾分类工作亦会采取相应的行为策略予以回应。比如，社区工作人员在未看到源头生活垃圾分类较为成功的经验之前，只要政府不强制推行，就多会选择以观望为主。社区物业在未看到社区居民积极参与生活垃圾分类之前，也不会特别积极推进生活垃圾分类工作，如果因要求居民做好生活垃圾分类工作而"得罪"社区居民，其后续物业服务工作便很难开展。社区居民在未看到完善的生活垃圾分类收运和处置体系之前，便会认为当前生活垃圾分类工作都是在做无用功，也就不愿配合相应工作。

五　结论及治理策略

城市生活垃圾分类在很大程度上推进了源头生活垃圾分类。但就城市社区实践效果而言，我国城市社区生活垃圾分类工作还任重而道远，特别是很多已颁布实施生活垃圾分类管理条例的城市，其社区生活垃圾分类工作仍存在困难。对于大多数城市政府而言，其生活垃圾分类相关职能部门在以激励社区参与生活垃圾分类的试点实践中，认为只有"行政化"手段才能使社区足够重视生活垃圾分类工作，以政策化、制度化的方式将生活垃圾分类嵌入社区日常工作，才能破解社区源头生活垃圾分类的困境。然而，对于社区而言，推进生活垃圾分类的逻辑在于政府主导下的生活垃圾分类工作要求符合社区实际情况，否则社区根本无法持续落实政府的相应工作要求。由此，政府需要理性思考城市生活垃圾分类难以成功的症结所在，才能有效破解城市社区生活垃圾分类的嵌入性困境。

归根结底，城市社区生活垃圾分类嵌入性困境的根源还是末端不

---

① 张岩：《行动的逻辑：意义及限度——对帕森斯〈社会行动的结构〉的评析》，《北京邮电大学学报》（社会科学版）2006 年第 1 期。

通推前端。这致使城市生活垃圾强制分类条例难以真正落实，也导致科学地推进社区生活垃圾分类手段也多流于形式。故而，各地应立足城市生活垃圾分类实际状况，分阶段稳步推进社区生活垃圾分类。首先，各地应立足城市生活垃圾分类体系构建，着重解决末端不通的问题，特别是在尚未形成有效的末端处置设施和较强的处置能力之前，仍以试点的方式探索破解社区生活垃圾分类困境的实践经验。其次，各地应聚焦社区居民生活垃圾分类意识增强，以社会文明和绿色低碳为引领，增强社区居民的环境保护意识，从而推动社区居民自觉参与生活垃圾分类。最后，待已形成较为完善的生活垃圾分类体系，特别是解决末端不通的问题后，各地才应依托生活垃圾强制分类条例将生活垃圾分类嵌入社区日常工作，并不断创新社区生活垃圾分类管理手段，比如可借助数智技术实现社区生活垃圾分类数智化管理，从而推进社区生活垃圾分类管理精细化、科学化。如此，以城市政府为主导的生活垃圾分类工作才能被适时、适度、适宜地逐步嵌入社区的日常工作，最终实现城市生活垃圾分类质的突破。

绿洲生态人类学研究的学术探索[*]

——崔延虎教授访谈录

崔延虎 冯 燕[**]

导读：崔延虎教授成长于新疆乌鲁木齐，他的人类学研究与民族地区的生态环境问题结下了不解之缘。作为国内最早从事生态人类学研究的学者之一，崔延虎教授于 20 世纪 90 年代围绕新疆草原游牧问题，特别是草原生态保护与生态文化做了比较长期的田野调查，发现在相当长的历史时期内草原游牧民与绿洲农耕农民存在互补交换以及身份的相互转换。崔延虎教授后期逐步转向了绿洲生态与社会的研究，提出绿洲生态人类学的概念。他指出，自然崇拜、萨满教和佛教中有关人与自然关系的认知经过历史的积淀形成新疆绿洲社会传统生态文化的核心，指导和规约着当地居民的环境行为。在快速工业化和城市化的发展过程中如何进行水资源优化配置，如何平衡生产用水和生态用水是新疆实现可持续发展的重要课题之一。在传统生态文化的基础上结合生

---

[*] 本文是国家社科基金项目"生态文明视域下西北荒漠绿洲地区人水关系演变及应对研究"（项目号：20CSH079）、陕西省社科基金项目"乡村振兴视域下陕南地区生态宜居美丽乡村建设研究"（项目号：2019G006）、中央高校基本科研业务专项资金项目"高质量绿色发展视域下秦岭南北麓生态宜居美丽乡村建设研究"（项目号：2022ZYYB27）的阶段性成果。

[**] 受访者：崔延虎，新疆师范大学社会文化人类学研究所教授（退休），主要研究方向为绿洲生态人类学、民族地区社会发展。访谈者：冯燕，陕西师范大学哲学学院副教授，主要研究方向为环境社会学、城乡社会学。

态环境保护法律和科学技术知识建构新的生态文化对新疆生态文明建设具有重要意义。

一 生态视角的绿洲人类学研究

问：崔教授，您好！我的导师陈阿江教授主要从事环境社会学的研究，《环境社会学》集刊很想找生态人类学家进行多学科的交流。恰好我最近在做关于西北荒漠绿洲人水关系的研究，所以，借此机会想跟您多请教学习。崔教授，您之前从事游牧、草原生态环境保护与生态文化的研究，后来转去做绿洲生态人类学研究，其中的原因是什么？

答：我是 1984 年通过读书接触到生态人类学学科。后来开始对这个学科进行学习和研究。1990 年，我有机会到英国剑桥大学蒙古和内亚研究所（MIASU）参与了一个比较大的国际合作课题“内亚环境与文化保护”。该课题涉及的研究区域包括俄罗斯的布里亚特、图瓦，蒙古国以及中国的内蒙古与新疆的北部。我在蒙古和内亚研究所待了三年半，接受了一年的研究培训，在新疆做了近一年的田野调查，又返回剑桥大学做了一年多的研究。Caroline Humphrey 教授是我在剑桥大学的导师。她是研究内亚地区游牧社会的著名人类学家，对我的影响比较大。

我回国之前，Caroline Humphrey 教授专门安排我去拜访了英国皇家人类学会的名誉会长雷蒙德·弗思教授。他是非常著名的人类学家。他希望我回国后，把中国新疆的人类学研究开展起来。Caroline Humphrey 教授希望我回到新疆继续做牧区的人类学研究。

1994 年 8 月，我回国之后，在学校的支持下，与几位老师成立了一个文化人类学研究所。当时确定了四个研究方向，我参与了两个研究方向的工作。其中一个是新疆的环境与社会研究，这个与环境社会学接近。另一个是新疆民族地区社会发展研究。从 1994 年到 2000 年这段时间，我基本上都在阿尔泰山区和伊犁河谷做田野调查。后来我们还去了东疆地区的巴里坤哈萨克自治县、北疆昌吉州的木垒哈萨克自治县和阜康等地做调研。

转向对绿洲人与自然关系的研究大约是从 20 世纪 90 年代后半期开始的。1995 年我在阿克苏地区的库车县做了一次为期近两个月的田野调查；1997 年我到喀什地区疏附县的阿瓦提乡做了近三个月的田野调查，这两次调查使我对于绿洲人群的生计方式、社会结构、生存环境，特别是他们与自然生态环境的密切关系有了一个初步的认识。加上在此之前做牧区人类学田野调查时我已经明显了解到北疆草原游牧社会与绿洲农耕社会在漫长的历史时期里存在生计互补和物质交换关系，这让我产生了对绿洲研究的学术兴趣。绿洲人群生存与生态环境的关系是我尤为感兴趣的。此后我有机会数次在南疆绿洲乡村做调查，调查得越多，我越感觉到绿洲是做生态人类学研究的一个很好的对象。

2002 年，我们形成了一些初步的概念。想通过查阅更多文献来证实这些，关于绿洲的生态人类学研究从全球范围来讲非常少。我们查到的文献只有两条，一条是美国印第安纳大学的生态人类学家 Emilio Moran 教授，在 1988 年出版了《人类适应能力：生态人类学导论》（*Human Adaptability-An Introduction to Ecological Anthropology*）。这本书后来经修订在 2000 年再版，主要讨论人类社会对各类自然环境的适应能力。在这本书里，他把干旱区专列了一章，主要讲非洲和南美洲的干旱区，但没有涉及亚洲和欧亚地区草原地带的干旱区。那一章的标题是"干旱区人类对自然生态环境的适应能力"。

如何理解适应能力？在生态人类学里面，（我们始终）有一个基本的观点：不同人类群体对不同生态环境适应形成的能力，实际上就是他们的文化。从生态人类学的角度，Moran 解释了干旱区人口的适应能力和沿海地区人口适应能力的不同。Moran 并不是一个环境决定论者，而是认为这是一个互动的结果。

英国年轻的人类学家于 20 世纪 90 年代末在非洲，特别在阿拉伯地区做了一些关于贝都因牧民的环境适应情况，以及阿拉伯地区绿洲农民和生态环境之间关系的研究。

我们翻阅了国内地理学、生态学、发展研究等领域的研究文献，发现关于绿洲的研究著作有数十部。其中中国科学院的黄盛璋研究员做了比较系统的研究，他在 20 世纪 60 年代至 70 年代提出建立绿洲学，但是绿洲学是否正式成为地理学的一个分支学科我不太清楚。

从 20 世纪 90 年代后半叶开始，我得到中国科学院新疆生态与地理研究所的潘伯荣研究员以及研究干旱区的老先生们的指教开始增多。中国科学院新疆生态与地理研究所在干旱区和绿洲等领域做的研究非常深入，达到了很高的水平。这个研究所有一个期刊《干旱区研究》，发表的文章基本上都是关于干旱区和绿洲的。

因此，2000 年以后，我把田野调查重心移到了南疆地区。开始在阿克苏、巴音郭楞、克孜勒苏、和田和喀什等几个地、州的绿洲乡村做一些田野调查。

另外，绿洲在新疆的地位非常重要。新疆土地面积有 160 多万平方公里，其中真正供人类居住的绿洲面积占 8%~9%，也就是说绿洲面积只有 12.8 万~14.4 万平方公里，可供人类生存。所以对新疆而言，绿洲和草原的存在，在漫长的历史演变过程中，实际上形成了两个大的生态系统和两个大的社会系统，即荒（沙）漠绿洲生态系统与森林草原生态系统，前者是绿洲社会系统，后者是草原游牧社会系统。美国学者芮乐伟·韩森教授所著的《丝绸之路新史》中有一个观点，我觉得非常有意思。她认为丝绸之路是若干个绿洲城市连接起来的贸易通道。所以没有绿洲，没有绿洲城市，也就没有丝绸之路。这个观点给我的影响很大，从人类东西方文化、东西方物质精神各个方面交流的角度看，绿洲的重要性显而易见。

因此，在这样的情况下做绿洲的人类学研究，有助于我们更加全面地认识新疆这样一个多民族地区的社会和文化。在 2005 年左右，我就这一方面的问题向多位学者请教，他们从植物学、经济学、生态学、农学的角度给了我很多启示。例如绿洲的物种、种植资源等，经过几千年来绿洲农耕人的培育，种植资源实际上和绿洲的文化有非常密切的关系。种植资源如某一种农作物，经过筛选、保留、培育，已深深嵌入农民的生产与生活中。

我们在绿洲社会发现了与种植有关的各种各样的"经"。绿洲维吾尔人把农耕形成的知识用文字保存下来，称为"经"。有种棉花的经、种甜瓜的经、种巴旦木的经、种桑树的经等。里面讲种植第一步要做什么，第二步要做什么，在什么情况下不能做什么，收获后如何储存等。他们有一整套的方法，记录得非常清楚。在新疆，你在第二年3月可以吃到前一年收获的新鲜的葡萄和甜瓜，是因为他们有一整套的保存方法，而不是依靠冰箱。这些保存方法实际上就是Moran所讲的适应能力，是他们文化中的一部分。

通过这样的调查，我们逐步形成了一些从人类学角度研究绿洲人与自然关系的认识。2006年，在一个人类学高阶论坛上，我提出了绿洲生态人类学研究的问题，谈了一些初步的认识。非常遗憾的是，当时没有引起反响。因为大家不十分了解绿洲是什么概念。回来以后我花了很大的气力继续查阅文献，并向中国科学院新疆生态与地理研究所的专家们请教，特别是潘伯荣教授给了我很多启示。他在关于绿洲生态的一篇文章里专门给绿洲下了定义，指出：

> 绿洲是干旱区的特殊景观类型，是镶嵌在荒漠中的绿色岛屿，也是嵌块体和廊道，是人类赖以生存的重要地理环境。绿洲是干旱自然地理条件下，利用外来径流（地表的或地下的）的补给，而发育起来的自然植被和灌溉经济社会区域。绿洲有天然绿洲、人工绿洲和老绿洲、新绿洲之分。绿洲生态系统的总体格局，一般比较简单。天然绿洲生态系统仅包括平原河岸（谷）林（吐加依林）生态系统和低地草甸生态系统。人工绿洲生态系统因高级消费者——人类的种族、文化、宗教信仰、生活方式、生产方式等不同，却可能拥有多样化的特点——生境、生物群落、生态过程、生

态系统、景观和文化多样性。特殊的自然条件对绿洲生态系统的作用极大。反之，绿洲生态系统又影响着自然环境。水是影响绿洲生态系统稳定的基本条件；光和热有利于绿洲生态系统的能量交换和物质循环；土和盐碱决定了植物群落的结构和组成……绿洲生态系统养育了干旱、半干旱区的高级消费者——人类，人类又是绿洲生态系统兴衰和发展的主宰。

从他的界定中，我们可以看到这样几个基本事实：绿洲是干旱、半干旱地区的特殊景观类型，是镶嵌在荒漠、半荒漠中的"绿色岛屿"，也是生态结构中的嵌块体和廊道，更是人类赖以生存的重要地理环境。一块镶嵌在沙漠的绿洲给人类群体提供了栖息之地，人类群体利用绿洲提供的非常有限的自然资源创造了适应绿洲生态环境的文化。这种文化又保障了这个人类群体的生存、繁衍和发展，而这个人类群体在其文化的基础上又能够创建出新的绿洲来，也就是人工绿洲。上述人与自然生态环境互动的场景，既为生态人类学研究提供了研究的可能，又为微型生态区域和微型社区共存的研究提供了实证对象。

以新疆为例，既有像喀什噶尔那样数万平方公里的"巨型绿洲"，也有镶嵌在沙漠之中面积不过几平方公里的"小绿洲"。在"巨型绿洲"上，生活着数百万人口，他们的文化具有高度的同质性；在"小绿洲"上，我们也可以看到仅有几户到十几户的小型社区，这类小型社区的文化同质性程度更高。即使是被我们界定为同一"民族"的群体，也可能生活在不同的微型绿洲里。在大小不同的绿洲上，文化的同质性与异质性并存。

绿洲的生物多样性为人类的文化多样性提供了一个形成和发展的基础，绿洲上的人们在消费绿洲为他们提供的自然资源的同时，其文化也影响着绿洲生态环境。因此，我们认为中国西部的绿洲确实为生态人类学提供了一个非常理想的研究场景和研究对象。生态廊道、地理廊道、族群廊道和文化，这些概念合起来才是绿洲。绿洲不仅是一个地理名词，也不仅是一种生态区域，还是包括了地理生态环境生物多样性、社会系统与文化多样性的综合体。

我们学校地理系有一位干旱区地理生态学的教授海鹰，我们两个合作了将近30年，我从海鹰教授那里也学到了很多东西。有时候出去调查，我拉上他一块去，他调查他的植物。刚开始的时候他笑话我，"你们搞社会科学研究能解决什么问题"，但是合作调查了五六年以后，他突然感到"你们好像还有点用"。因为他们发现地理生态遭受突然破坏的情况，他们不能完全解释清楚，只能说受到人为严重的干扰而发生了什么。他们只能说这么一句，但是我们可以从更丰富的层次上做出解释。而我从他那里学到很多关于绿洲生态系统方面的知识。干旱区的植物本身不太多，但是每一种植物都非常有个性。海鹰教授从生态学、植物学的角度解释这是什么植物，它又分为哪些种、属、类，叶子是怎么样的。他还了解维吾尔族民间关于这些植物的知识。我在调查中就这些植物去问绿洲的农民，他们是怎么知道这个植物的，与他们的生产和生活有什么关系。这样就印证了海鹰教授跟我讲的这些东西，说明民间知识普遍存在。2011年，我在《原生态民族文化学刊》上发表的那篇文章是杨庭硕老先生邀请我写的。那篇文章从严格意义上来讲，不是一篇非常规范的学术研究论文，但是我把关于绿洲生态人类学研究的初步想法基本说清楚了。当时文章发了以后，在学术圈里引起了一点动静。

二 绿洲与草原的互补交换

问：新疆绿洲的特征是绿洲与草场相依相伴，您能具体谈谈它们两者之间的关系吗？

答：绿洲和草原之间存在一种生计方面的交换关系。在田野调查过程中，我们注意到，在草原的边缘地区镶嵌着大大小小的绿洲。特别是在阿勒泰地区调研的时候，我们注意到，富蕴县、青河县是主要的牧区，往东南走就到了昌吉州的奇台和吉木萨尔绿洲。历史上这些绿洲的农民和草原牧民之间的交换，基本上是恒定的。牧民每年用他们的牲畜或者打猎的收获，到奇台和农民交换，从农民那里获得他们所需要的粮食、布匹和其他生活资料，包括食盐等。同样，农民通过交换从牧民那里获得牲畜、毛皮等。

调查发现，新疆农牧之间的交错格局是历史上长期形成的，这一点和西藏、四川不太一样。研究草原地区的牧区社会无法脱离对农耕社会的研究，而新疆的农耕社会基本上都在绿洲。

2000年之后，我们一直想了解在新疆其他地区是否还有像游牧社会和农耕社会之间这样的交换关系。在克孜勒苏柯尔克孜自治州，阿图什市是个绿洲城市，其他地区都属于草原，那里的农牧民之间同样存在交换关系。我们还了解到喀什与和田地区有好几万维吾尔族牧民，这个是我们过去不知道的。他们不仅放牧，而且属于游牧。他们的游牧方式和我们在阿勒泰地区做调查时观察到的游牧情况刚好相反。在阿勒泰地区，牧民夏天游牧到高山区，秋天快下雪时回到河谷盆地的冬季牧场，我们称其为冬窝子。而喀喇昆仑山那边的牧民，夏天随着河水游牧到盆地，冬天则回到山里面。因为山间的一些盆地积雪比较少，他们的冬窝子在山上，刚好和北疆的牧民相反。我们后来做调查时进一步发现，这些维吾尔族牧民和南疆喀什地区，特别是叶城、皮山、策勒等几个县的维吾尔族农民的关系更是密切。这些维吾尔族的牧民和农民，他们的身份经常互相转换。他们一段时间是牧民，另一段时间因为其他原因就变成农民。有一些农民因为其他原因就跑去给牧民打工。那段时间的调查使我对绿洲研究的兴趣变得更加浓厚。

后来，我申报了数个国家级、教育部的研究课题，还有一些横向项目，比如世界银行的"新疆农村公路改善项目社会评估"等，这些项目大部分是在南疆地区做的。在这些项目的田野调查过程中，我有机会多次进入南疆的绿洲社会。我在县城里面待的时间非常短，基本上都待在乡村。随着这类调查越来越多，我发现两个问题。第一，绿洲的生态环境非常脆弱，水是绿洲的生命线。第二，绿洲上生活的人们处理自身和周边地理生态环境的关系有一整套观念、规则和行为方式。几千年以来，绿洲的人们在那里生存，但 1949 年以后绿洲人口增长非常快，他们的生存状况和草原地区的牧民们做比较的话，我觉得非常有意思。他们有一套独特的生态观和生态环境行为，而这个恰巧是我所从事的生态人类学最感兴趣的。

三 层级积淀的生态文化

问：您刚才提到了绿洲上生活的人们有独特的生态观和环境行为，能具体讲一下体现在哪些方面吗？

答：这是个很大的问题，我感觉自己还没有完全形成一个比较系统的认识，在这里我可以通过一些具体的调查资料略微谈一点看法。

绿洲人类群体的文化随着宗教信仰的变化而发生一些变化。但是关于人与自然关系的观念和行为相对比较稳定。新疆南部绿洲中人们的宗教信仰，经历过早期的自然崇拜、萨满教、佛教，这期间还有一些其他宗教信仰，比如拜火教等。公元 10 世纪左右，伊斯兰教传入新疆，令我们感到非常惊奇的是，按照教科书的说法，一个群体的宗教信仰发生变化以后，其文化是重新建构的，但是在南疆不是这样。绿洲居民把历史上信仰过的宗教，如自然崇拜、萨满教、佛教中很多关于人与自然和谐关系的认知保存在后来的宗教信仰和地方知识中。一层一层剥开来看，哪些是属于自然崇拜的内容，哪些属于萨满教，哪些是佛教留下的，他们的文化如千层糕一样一层一层积淀下来，其中最深厚的恰巧是人与自然之间的关系这方面的内容。

从人类学的角度看，一个地区人们的文化更多体现在他们的日常生产和生活中。早期人类学田野调查非常重视被调查对象的生计方式和生活方式，因为生计方式是人们在适应所居住地区的自然地理和生态环境，并从自然界获取资源的过程中形成的。适应自然还是无节制地从自然界索取，这是一个基本的自然生态观念，在前一种观念的制约下，人们的环境行为就具有一种群体的自我约束。

我可以从两个大的方面对你的这个问题做些回应。

首先，我们的调查可以肯定地说明，在过去 1000 多年的历史时期里，南疆绿洲居民的生计方式基本上是传统的农耕，现在维吾尔族人口在南疆绿洲占主导地位。目前有些著述认为维吾尔族的文化是伊斯兰文化，这是不准确的。特别是在关于人与自然关系这个文化的基本方面更是不准确的。大量的研究，包括我们所做的田野调查获得的资料显示，维吾尔族人的祖先或者说与维吾尔族祖先融合的南疆绿洲土著居民，他们最早的信仰是自然崇拜，如太阳、月亮、树、水、山等，这些都是他们崇拜的对象。到了后来他们又信仰萨满教，萨满教有一个基本的观点：人必须和自然进行沟通。那么由谁来沟通？由萨满来沟通。萨满既是人也是神。这种沟通的目的是希望人能够获得自然的庇护，因为自然有灵，万物有灵。印第安人里有萨满，非洲的牧民社会也有萨满。他们希望人类群体通过萨满与自然沟通，能在自己与自然之间建立一种共生的关系，这是萨满教基本的思想。他们希望通过萨满的祭祀仪式来和自然界或者说自然界中的一些"神灵"实现沟通，祈盼自然或自然界的"神灵"能够接受人类群体的祈祷，不要降灾祸给他们。所以，萨满教里没有人要战胜自然或者完全控制自然的观点，它主张将萨满作为中介与自然界万物进行沟通，以达到共生的状态，这种观念至今还在南疆绿洲的一些人群中存在，直接或间接制约着他们的生态环境行为。

其次，南疆绿洲的人群改为信仰佛教后，不能说原先信仰过的宗教观念一下子就"蒸发"了，佛教的很多内容和萨满教是有关联的。佛教不主张杀生，主张人与自然的共生，这些内容与萨满教的思想是相通的。南疆绿洲居民大概从公元 2 世纪开始信仰佛教，一直持续至公元 10 世纪，差不多有将近 1000 年的时间。自然崇拜、萨满教和佛教的很多内容经过积淀成为南疆绿洲社会传统生态文化的核心。这些核心文化有几个特征。

第一，不主张征服。不是人定胜天，而是主张你活我也活。如何让自然感受到这种文化呢？通过各种形式的祭祀活动，建立一种与自然万物沟通的关系。

我们在南疆的吐鲁番盆地做调查的过程中，了解到民间社会认为自然界存在多个"神灵"。

我们在喀什地区的麦盖提县做调查时发现，当地居民的民间信仰中依然存在一些诸如门神和灶神这样的印记。当地的妇女们每天要打扫灶，门口要洒水。原来我们认为是为了清洁，后来发现她们打扫灶和洒水是一种祭祀活动。

吐鲁番盆地的民间信仰更有意思。我和学生们在那做了关于坎儿井的三次调查。在漫长的历史时期里，这个地区的居民先后信仰过自然崇拜、萨满教、佛教，在公元 17~18 世纪改信伊斯兰教。一些年老的坎儿井井匠（Karez-qi）认为有一个"神灵"护佑着他们开挖和维修坎儿井。我问他们见过没？有的说见过，有的说没见过。他们跟我讲的最直观的一个原因是，如果没有这个"神"的护佑，坎儿井不会挖得直，不会挖得很顺利。修建或清理坎儿井时可能会发生坍塌，每次坍塌发生之前这个"神"通过吹动他们照明的油灯火苗来提示他们，他们就会顺着竖井赶快爬上来。后来，我们了解到 17 世纪到 20 世纪中叶的前几十年，每次开挖坎儿井之前，村子里的人们要进行一个祭祀仪式。有时甚至要宰羊，妇女们不能到井边去参加活动，而是待在家里祈祷，后来的祭祀仪式增加了一些伊斯兰教的形式或内容，但基本观念没有发生根本的变化。

第二，这种多神民间信仰并不是凭空产生的，而是历史积淀下来的。所以，绿洲社会居民的生态观念主要表现在自然崇拜上，表现为：一是对太阳、月亮、土地的自然崇拜；二是对生物的自然崇拜，主要是树和植物（以树为中心）。

我们在南疆很多地方观察到这样一种情况：维吾尔族人迁到一个新地方，三五年后，他的房子周边已经完全被树包围起来。院子里面种着葡萄等果树，地上摆放着种了花的花盆。维吾尔族农民的院子里很凉爽，坐在葡萄架下喝茶很舒服。可见，绿洲居民形成的整体自然观，通过各种方式建立自身与周边环境的共生关系，由此确定行为方式，最后这些都成为他们日常生活的一部分。

绿洲居民与自然关系的密切和复杂程度，是我们内地的很多社会所不具备的。南疆缺少煤，燃料主要是木头、柴火。20 世纪 80 年代以前，农民进入胡杨林，一般都不去砍活的胡杨，只是收集树枝或者倒地的胡杨木，再用毛驴车拉回去。我曾经跟喀什地区莎车县荒地镇的一个年轻农民亚合普聊天。他很小的时候每隔两三个月跟着爷爷到 30 多公里以外的胡杨林打柴。我问他："你砍过胡杨树没？"他回答："我爷爷的爷爷告诉我爷爷，砍了胡杨树胳膊要掉呢。"我继续问："你们这里谁的胳膊掉了？"他回答："有个人叫买买提·巴克，没有砍树，只是把活的树枝砍了，过了几天，他的胳膊抬不起来了。"我问："这是传说还是真的？买买提·巴克现在还在世吗？"他回答："买买提是我爷爷那一代的人，他已经不在了。"所以，民间存在的禁忌，并不像我们现在教科书上讲得那样简单，但是它确实制约着当地群体，影响他们的认知。从自然观到生态观，再到行为，绿洲居民有一整套体系。

有一个来自哈密绿洲的个案。

哈密市位于新疆东部，现在没有地面径流，但是过去有一条长几百公里的河——白杨河，是天山冰川和积雪融水所形成的，在 20 世纪初，河水可以流到沙漠边缘的沙尔湖（Shar-kuri）。白杨河流域镶嵌着面积大小不一的几片绿洲，如头堡、二堡、三堡、四堡、五堡。其中五堡位于离沙漠最近的地方，是其中面积比较大的一个绿洲，2000 年我们在那里做田野调查时，五堡的人口大约是 11000 多人，其中维吾尔族居民有 9800 多人；汉族居民有 1500~1800 人，主要是 1958 年后支边陆续到这里的，据几位老人讲，他们中有一些家庭是从吐鲁番迁来的，也有一些是从沙尔湖迁来的，因为白杨河在近百年前已经流不到沙尔湖了。还有老人告诉我们，20 世纪五六十年代，白杨河两岸次生林和灌木生长得还很茂密，放羊时人都钻不过去，但现在大部分河道都已经干涸了。

五堡绿洲的居民居住在一个名为"喀拉墩"的高台上。我在调查时发现一个现象，粗壮的树死了后，树干被阳光晒得发了白却没有人把它伐走。我问一个老人："这个树已经干了，你们这儿缺少燃料，怎么没人把树伐走？"他看了我一眼，没有回答。第二次调查时我了解到，历史上的五堡不仅种植哈密瓜（在清代，五堡种植的哈密瓜是送到京城给皇帝的"贡瓜"），而且养蚕。那些死掉的白树干是桑树树干。如果有一家门口原来种了一棵桑树，树长得太粗壮把门堵了，人出入不方便，但是这家人不会把门口的桑树砍倒，而是把老门堵砌好，在墙上另开一个门。后来我慢慢了解到当地居民对桑树存在一种自然崇拜意识。这种崇拜和他们的生育观有一定的关系（实际上对桑树的自然崇拜也存在于南疆绿洲）。因为桑树的桑叶给蚕宝宝提供养料，桑树越多，能够给蚕宝宝提供的养料就越多。五堡绿洲居民种桑树，精心维护桑树，所以桑树长得很粗壮高大。他们认为桑树本身就是神。新疆绿洲社会把很多自然存在"圣化"了，不是神化。人们崇拜自然，祭祀自然存在。对树的崇拜在南疆所有绿洲中普遍存在，像我刚讲的是哈密五堡的桑树，在其他地区，对枣树、巴旦木树、胡杨树都有不同程度的崇拜。

第三，对水的崇拜。维吾尔语中，水被称为"苏"。例如，阿克苏意为白水河。关于水的崇拜，从祭祀到使用，最后到保护，有一整套规范。不经过太阳晒的水不能喝，因为不经过阳光晒的水是"不洁"的。当地居民无论从坎儿井提水，还是从井里或者从渠道里取水，要放到院子里面晒，晒了以后再去烧。在任何地方，如果有人把水源搞得不干净了，都要受到惩罚，这是普遍存在的禁忌。维吾尔族人洗手，不在脸盆里面洗，而是要用流动的水。每家的门口都放一个壶，里面装干净的水，客人去了以后用流动的水洗三次。洗完了以后绝对不能甩手，而是用毛巾擦干。敬茶、喝茶也有一整套规范。所以他们从观念、态度到行为形成了关于水的一整套文化。1995年之前，南疆农村家庭用水大多来自"涝坝"，即把河流或渠道的水引到涝坝中储存起来。很多涝坝周边种植的树长得高大粗壮。如果你现在到喀什市的香妃墓，那里的涝坝还存在。涝坝在当地维吾尔族人的观念中有一种被"圣化"的东西存在，被看得很重。尽管涝坝周边的树已经快遮住阳光了，也没有人砍这些树。1995年以后，国家在南疆绿洲农村建设饮水工程。慢慢地，自来水、压水井进入村庄，涝坝的存在价值逐步消失了，但对水的崇拜并没有消失。

吐鲁番市的农民告诉我，来源不同的水浇出来的葡萄味道、口感都不一样。吐鲁番市的水源有三种。一是坎儿井的水，二是地面的明渠（塔尔浪渠）的水，三是机井水。他们认为种植葡萄最好的水是坎儿井的水，明渠水被太阳晒了也可以，机井水直接浇葡萄不行。他们对水有一种深刻的认识。我吃过坎儿井水和明渠水浇灌的葡萄，感觉不出差别。但是当地居民有感觉，特别是葡萄干。坎儿井水灌溉的葡萄晒的葡萄干颜色呈现自然绿，明渠水和机井水灌溉出来的葡萄晒的葡萄干颜色稍微有点发黄。因为坎儿井水里面含的矿物质比较多。我举这个例子是想说明，绿洲的人们和水是休戚相关的，所以他们对水的崇拜和对水的认识的深刻性，是远远超乎我们想象的。于是这些东西整体合起来就形成了绿洲生态文化的核心。这个研究我们还在继续做。调查非常困难，七八十岁的老人去世的越来越多。随着这些老人的离世，这些传统的观念和认知很多都消失了。

问：您当时把新疆的生态文化进行了一个类型划分，有森林草原生态文化、沙漠绿洲文化、高原生态文化和屯垦绿洲文化。随着经济社会的发展，这些文化区域内人和自然的关系发生了哪些变化呢？

答：近50年来新疆发生了天翻地覆的变化，社会、经济发展速度超过了历史上的任何时期。在社会急剧变化的过程中，传统与现代的关系成为我们观察的一个很重要的方面，其中就包括了传统生态文化与现代文化之间的关系。

我们提出的新疆生态文化类型划分，即森林草原生态文化、沙漠绿洲文化、高原生态文化和屯垦绿洲文化，这个基本格局目前还是存在的，没有发生太大的变化，因为形成这种格局的生态环境依然存在，虽然出现了一些变化，但整体没有变。

从变化的角度看，生态环境与生态文化相比，前者的稳定程度要比后者强一些，我这么说是因为近些年来观察到的一些情况似乎揭示出，新疆生态文化正处于一个发生急剧变化的临界点。

森林草原生态文化的社会基础是游牧群体的存在，虽然在新疆游牧依然存在，但是与过去相比，游牧群体的人数、游牧范围和游牧方式正在发生变化，特别是游牧社会的结构发生了质的变化，越来越多的牧民定居了，传统生态文化的主体——游牧社会基本上由于牧民定居处于解体状态，如王晓毅教授等人十几年前指出的，现在牧区的社会结构——游牧部落已经碎片化。定居的牧民脱离了森林草原生态环境，草原出现了一个个定居点，这些定居点类似于小城镇。历史上森林草原生态文化有其特定的社会结构传承，现在这种传承体制的社会结构碎片化了，传承就出现了问题，新的社会组织——牧村、小城镇是否能够承担起传承与创新的功能，还有待观察，从我们已经观察到的一些现象看，还没有承担起来。随着"现代化"知识进入草原，原来可以维系草原生态环境，特别是对生物多样性保护有着"民间习惯法"价值和功能的地方知识，在强大的技术力量面前显得"力不从心"，年轻人从一部手机上便知天下事，手机上获得的知识与地方知识之间的冲突已经不再是稀奇事，草原生态文化的传承者——德高望重的老人，他们的话不再具有历史上长期存在的权威性，他们的文化地位似乎正在被手机替代。与此同时，经济发展成为社会意识的主流，原来约束人们环境行为的传统习惯法失去了约束力。

沙漠绿洲文化实际上也正在遭遇类似的问题。举个例子，喀什、阿拉尔、阿克苏、库尔勒这四个城市将来会向百万人口以上发展。喀什市有一个官员问我："教授，你们好好研究一下我们喀什市怎么样把人口在十年之内发展到150万？"我说："你们在盖孜河上已经修了水库，下游的流水比过去少多了。现在喀什市的人口密度已经和上海差不多了。人口密度越大，风险越大。不谈稳定方面的风险，就谈生态方面的风险，你们能承受吗？"他说："这个不是我们优先考虑的，工业发展不起来，人气聚不起来，税收上不去，经济发展不起来啊。"现在城镇化快速发展，这可能对绿洲传统生态文化产生重大的影响，沙漠绿洲文化对绿洲生态环境的保护作用正在被决策、资本、技术取代。传统生态文化在现代化或者工业化的环境中能够起到的作用不断减弱，传统的自然观对人的约束越来越弱。

现在高原上的塔吉克人整体上的生态观念没有发生根本变化，这是他们的优势。因为传统生态文化中的本土知识和生态环境规范建立在他们对高原自然万物的崇敬上，追求与自然的和谐是高原生态文化得以维系和发挥作用的重要观念基础，也是高原塔吉克人最重要的观念之一。但是我们得注意，高原地区的经济发展如果走其他地区已经被证明是对自然生态环境产生负面影响的发展模式的老路，不当的决策和资本进入有可能对高原脆弱的生态环境造成不可逆转的影响，在这种情况下，高原生态文化同样会面临挑战，可能出现其他生态文化区已经出现的问题

屯垦绿洲文化的情况有点特殊，屯垦形成的人造绿洲上过去没有传统生态文化的存在，在过去 70 多年中，屯垦在扩大人造绿洲的过程中处理人与自然关系走过曲折的道路，有很多教训值得总结，也有很多经验值得发扬。以新疆屯垦事业的主体生产建设兵团为例，它的半军事化管理制度具有体制优势，大规模将现代科学技术用于农业生产，使其能够在经济发展过程中超越以往的发展模式，逐步形成和建立新的屯垦绿洲文化。

急剧变化的社会和高速发展的经济给新疆草原、绿洲和高原原来长期存在的人与自然的关系带来的冲击是一个不言而喻的社会事实，但是说传统生态文化中维系人与自然共生共荣关系的价值和传统知识失效了也是不准确的。我们强调保护传统生态文化不是说传统生态文化可以解决当代人类社会所面临的所有生态问题，而是指出"抛弃"

传统生态文化可能带来的风险。

我们现在要考虑的是，如何保护传统生态文化的价值和传统知识中有益于生态环境保护的观念和方式，在此基础上通过创新发展现代生态文化。

现代生态文化至少包括三个方面。一是把传统的生态文化作为它的一种基因，保护其精华和价值；二是把国家生态环境保护的法律法规与传统生态文化"嫁接"起来，使其成为有"地气"的社会基础；三是吸收能够保护自然生态环境的科学技术，运用现代知识体系，创新生态文化。这样，在国家主导下，通过学术界和社会各界的合作，走出一条将生态环境保护法律法规、生态环境保护科学技术与传统生态文化相结合的道路，建构现代生态文化。在这个问题上，我想再说一句，自然背后是文化，决策背后也是文化，科学技术背后同样是文化。

问：您刚才谈到地方性知识，新疆有维吾尔族、汉族、哈萨克族、柯尔克孜族等13个世居民族，各族人民对于维护人和自然关系或人水之间关系有很多的禁忌仪式，反映了当地人在漫长历史时期形成和发展的生态智慧，您觉得这些地方性知识对我们今天有什么启示吗？

答：这个问题，我讲一个例子，20多年前，汉族移民和维吾尔族农民迁徙到新地方，修房子，开始耕地，过了三五年后，我们看到，维吾尔农民房子周边的树已经长了起来，长得非常好，院子里面水果蔬菜都种得非常好。汉族移民通过种地和其他经营方式，经济收入要高一些，但是他们房子周边的树稀稀疏疏的。这些事情反映出，长期在干旱区绿洲生存的人的适应能力和外来人口的适应能力是不一样的。对汉族移民来讲，他希望第一年就有明显的经济效益，如果没有经济效益，那么他认为是失败的。对维吾尔族农民来讲，第一年只要有馕吃就可以，但是他要改善整个生存条件，所以他种树。这反映了两种不同的自然观。

当然，现在情况发生了变化。定居在这里的汉族移民与当地维吾尔农民长时间共同生产和生活，在适应绿洲生态环境的过程中，有一种我称之为"再适应化"的现象。汉族移民也在自己的房屋周围和耕地周边种植树木，在居住的房子的院子里种花、栽种果树，我把这看作既是汉族移民适应的结果，也是其与当地维吾尔族农民在生态观念与环境行为上互鉴和交融的结果。

但是，从事人类学研究的我们总有一种忧患意识，新疆农村现在年青一代，出现了与内地农村年轻人同样的情况。年轻人越来越多地接触现代科学技术，对传统的文化和社会规范的敬畏心态和遵守意愿明显减弱。也就是说，传统的生态文化传承现在遇到了非常大的问题。

我直观的感觉，新疆草原的哈萨克族、柯尔克孜族、蒙古族、塔吉克族牧民和绿洲的维吾尔族农民，对生态环境的关注程度高于内地的农民。因为内地比较适宜生存的地区对人类群体的生态威胁可能不太大。如果今年冬天没下雪，明年水就比较少，这是大家都会讨论的事情。所以新疆草原和绿洲上的人对自然的感知非常敏感，人与自然的关系非常密切。例如，哈萨克族牧民的毡房每年在春季牧场的位置基本不变，但是毡房周边的生态环境没有出现任何问题。他们在春季牧场待两个多月，小羊羔生下来以后可以跟羊群走了，他们就离开春季牧场。秋天回来的时候，毡房位置的草仍然能够长起来。为什么？经过观察我们发现，他们走的时候，铲一块草皮在毡房的位置上铺好，经过雨水浇灌，草就长起来了。传统的牧民对自然界万物与自己的关系有深刻的认知和理解，通过自身的自然观和环境行为来维系人和自然的共生关系。现在牧民的定居点却出现了一些新问题。第一年，定居点周边植被影响不大，五年以后，定居点周边植被的数量、存量、覆盖度、高度等都下降了。我们经常看到，无论是在草原还是在绿洲，人们都会在泉水周边的树上或灌木上，甚至石头上系上红布或红绸带子。蒙古族、哈萨克族、维吾尔族的人们都这么做。我认为在泉水周边系上红色带子有几重含义，第一，他们认为泉水是生命的源头，维吾尔语、哈萨克语中有个词"江布拉克"提示了这一点；第二，系上红色带子告诉人们要保护好"生命之源"，不能污染；第三，红色带子反映了他们把水源"圣化"了，即这是神圣的地方，维护它能给人带来好运，破坏它会给人带来灾祸。有时候让我感到惊讶的是，在吐鲁番、鄯善、和田调研时，在沙漠边缘或沙漠深处，只要有泉水，就可以看到周边石头上、灌木枝上有红色带子。

大西海子水库到台特马湖之间有一个英苏村。这里的维吾尔族村民是牧民，他们和胡杨、塔里木河形成了非常紧密的关系。他们放牧的牛羊吃什么？就是红柳、芦苇、胡杨树叶这三种东西，其他草很少。有一位老人告诉我，他们到这儿已有 320 多年的历史。这一块地区被认为是人类不能生存的地方，但几百户上千人在这里生存了几百年，怎么生存下去的？老英苏人一代一代生存下来。以前塔里木河河道摆动，维系了这一带的生态系统。有个老人感叹道："我们的命运和河水一样，自己支配不了。这是我们祖辈生存的地方，我们希望河水长流，胡杨树繁盛生长。"一方水土养一方人，条件再艰苦，他们都觉得那是他们的梦想。现在下游那片区域，人员基本清理光了。塔里木河输水的一个原因是挽救绿洲通道，阻挡库姆塔格沙漠和塔克拉玛干沙漠汇合。但是，如果没有这些牧民那种以生命维系的观念，把它变成无人区，将来会发生什么，现在很难说。

我们现在有些资料还在整理中，有一些模糊的地方，还是想再深入挖掘，希望能把更深层次的东西挖出来，但是现在做调查有一些难度。今天我们谈的一些问题，几年后国家和地方的相关政策可能会发生改变，原来是问题的事情也许将不再是问题，不是问题的事将来可能会成为问题。

四 水养绿洲及其演变

问：在人类长期活动的干预下，新疆的人工绿洲面积一直在增加，而天然绿洲的面积在减少，虽然整体的绿洲面积变化不大，但人工绿洲与天然绿洲这样的变化会对新疆生态环境和人类社会产生怎样的影响？

答：这是一个非常大的问题。人工绿洲扩展很快，面积增加很多，一些专家认为这是人类战胜自然的一个成果，或者是人类对自然的一种合理利用的成果。但是这个事情我感觉比较复杂，这样的认识是不是有点危险？你谈人工绿洲，我用另外一个词"人造绿洲"。1949年以后，新疆天然绿洲的面积在减少，人造绿洲的面积在增大，并且增长的速度非常快。整个石河子垦区，就是一个人造绿洲，几百平方公里，比较大。

人类是否可以无限制地制造绿洲？人造绿洲越多，对人类越有益吗？我想谈谈这个问题，最近我有一些初步的想法。你说整体绿洲面积变化不大，但是大概来讲还是有变化的。20世纪70年代，新疆只有占全部面积8%~9%的绿洲可供人类居住，现在已经达到11%~12%，也就是说人造绿洲的面积在增加。实际上从北疆的准噶尔盆地的南缘和东缘，以及新疆南部和西部来看，人造绿洲基本上已经全部连起来了。从南疆来看，随着河流改造等各方面工作的持续开展，每个地区的绿洲面积都在大幅增加，几乎所有的兵团现在进行农垦的耕地都是人造绿洲。

我认为这个问题非常复杂，但是有几个方面，从我们目前的调查来讲可以进行阐释。

第一，和天然绿洲相比，人造绿洲的生物多样性相对简单。为什么呢？因为人造绿洲的生物多样性不是自然形成的，而是人们根据自己需要的农作物的种类而创造的。一块条田，种瓜、棉花、小麦或玉米，条田周边栽种白杨树成林带，顶多还有些芦苇和其他杂草，而且每年都要用除草剂把杂草消除掉，昆虫也就随着被消灭掉了。天然绿洲的生物多样性是自然演变形成的，而人造绿洲的生物多样性是人工"制造"的，可持续性非常差。从生态位的角度来讲，人工绿洲中物种的时空位置，不是自然引进的结果，是人为安排的，与天然绿洲的物种的生态位相比，这种安排结果使其时空位置不一样，物种之间的关联度不一样，其功能也发生了变化。原来天然绿洲中自然形成的这种生态位，它们之间的空间互相制约。但是人造绿洲的生态位不同，物种之间或者不同的植物品种之间互相制约的关系大大减弱。原来在天然绿洲某一种物种消失了，另外一些物种受到影响，也会慢慢消失。但在人造绿洲中人可以人为地干预它，人为地让某些东西消失，人为地再增加一些东西。时空位置发生变化，于是原来天然绿洲生物之间的相互依存、共生共荣的关系在人造绿洲里发生了质的变化，天然绿洲中动植物的存活与消亡是自然选择、自然演化的结果，而人造绿洲的物种得经过人类社会的"安排"和"照料"才能存活下来。人不去安排、不去照顾，动植物就活不了，所以人造绿洲的脆弱性非常明显。人造绿洲与天然绿洲的这种区别，发生的复杂变化，到底对绿洲整体生态环境有没有影响？我觉得有一些影响已经显现出来：人造绿洲对水资源的需求量非常大，人造绿洲用了过多的水资源，留给自然的"生态功能水"就明显减少了。对绿洲而言，何谓"生态功能水"？生态功能水实际上是让绿洲生存的水。另外人造绿洲依赖种植业为人类的生存提供物质产品，现代种植业对化肥和农药的依赖性很强，据了解，每年在绿洲棉田里使用的农药有几百吨，这些化学品进入绿洲，对绿洲生态系统的物质交流、信息交流和基因到底有多大的影响，现有的研究并没有给出准确的答案。但是潜在的影响长期存在，而且不可能消除。至于将来会演变到什么程度，我们很难说，但是我们通过历史，可以看到一些东西。

从汉代开始，中央王朝在塔里木盆地大规模屯田，据历史记载，当时在若羌县境内的米兰古城开垦的农田面积可能有数十万亩。2022 年 7 月，我再次到若羌县看了米兰古城，而今的米兰古城周边黄沙滚滚，原来开垦的农田已全部变成沙漠，一点植被都没有。唐代屯垦形成的人造绿洲现在基本上都没有了。清代屯垦形成的一些绿洲还在。人造绿洲消失的原因很复杂，但是水资源的来源发生变化是一个基本原因。包括像楼兰这样的绿洲城市也消失了。人造绿洲基本是屯垦形成的。天然绿洲有它自己内在调适的规律，在一定的水资源条件下它自己可以自我调节和维护。人造绿洲，如果人不去管理的话，它自己养活不了自己，所以它的消亡是必然的。从这个角度来讲，人造绿洲是不是越多越好？这是值得思考的问题。

第二，绿洲存在的最基本条件是水。人造绿洲和天然绿洲在水资源问题上有两个重大的区别。第一个区别就是天然绿洲水资源是自然的存在，河流流向摆动一下，就漫灌了周边的胡杨林和荒漠草场，从今天的角度看，似乎是"浪费"，但是塔里木河沿岸的绿洲就是依靠河流的摆动提供的水源维系着，特别是绿洲标志性的物种——胡杨就是靠河流摆动提供的水而生存的。现在塔里木河流域两岸出现了很多人造绿洲。为了管控调节水资源，当地成立了塔里木河流域管理局，对塔里木河水进行配置调控，所以人造绿洲的水是由社会调控的，不是由自然调控的。社会调控是根据它的经济目标来确定的。从20世纪50年代到现在的70多年的时间中，我们在南疆所有大大小小的河流上修建了很多水利设施，这些都是社会调控的基础条件。人造绿洲需要人类社会对水的调控来供给它。天然绿洲则是依靠自然规律来调控水。所以，只要水资源不发生重大或根本的变化，天然绿洲就可以活下来。如果人类社会放弃调控以后，人造绿洲会很快消失。塔里木河流域管理局建立的初衷就是把塔里木河管好，让其按照原来的主干河道向下流淌，不让它随意摆动。同时我们修建了很多闸口，需要水的时候就打开闸口。塔里木河像一个被拔掉牙齿和角的龙，已经没办法摆动，也就是说我们战胜了自然，让塔里木河"乖乖地"停止摆动。这种做法，在十几年甚至几十年中，我们看不到它的影响，但是在比较长的时期中，它到底会产生什么后果？

尉犁县有几个七八十岁的维吾尔族老人，给我讲了几件事。一是胡杨林、梭梭、红柳和芦苇随着塔里木河摆动或决口漫灌泡上一次水后，五六年不泡水还可以活着。而棉花地，一年得浇6次水，少浇一次水棉花产量就要下降。二是棉花地和胡杨林的用水量。过去没有滴灌，浇6次水全部要大水漫灌。最多的时候，一亩棉花地一年大概用水1100~1200立方米。而这样的水量，按照当地农民的习惯，可以灌溉几十亩胡杨林。这说明了什么呢？天然胡杨林的用水量由自然调控的，经过长期的演化，天然绿洲中的植被形成了抗旱和抗盐碱的能力。而我们现在所有的农作物都不具备这种能力。今年若羌县和尉犁县的棉花苗被风沙拔起来三次。现在新疆的农业技术机械化程度和智能化程度很高，排全国第二。苗子被大风和沙尘暴拔起后，种植者以现代化的机械很快就会补种上。所以从这个角度上来讲，人造绿洲的脆弱性显而易见。

这种脆弱性更要从水资源的角度看，新疆南部绿洲的水资源能够保证人类持续把人造绿洲面积扩大下去吗？

问：水资源对于新疆的发展至关重要，新疆近期提出了"水资源优化配置"，您认为水资源优化配置可以从哪些方面开展？

答：在前面我讲了绿洲社会关于水的生态知识和行为规则，我自己做田野调查获得的资料显示，绿洲人类群体与水的关系是一种生死关系，没有水就没有绿洲，这不仅是常识，也是理解绿洲生态文化的最重要的因素。因此研究人水关系非常重要，这种重要性一方面体现在我们对绿洲生存和发展的思考上，另一方面也体现在当代社会急剧变化之际，如何兼顾人的生存发展和绿洲生态系统的可持续存在。

我具备的水利知识不是太多，但是长期在绿洲地区的田野调查经历促使我思考两个问题。

第一个问题是目前塔里木盆地实施的水资源调控配置能给自然留下多少水。现在水资源优化调控配置主要是为了人、城市、农业和其他产业发展的需要，当然官方也提出了要给生态系统留下"生态水"。研究塔里木盆地自然生态系统的学者们，经过多年的观察和实验指出，20世纪50年代前绿洲人类社会使用的水资源，主要用于农业，占里木盆地水资源的30%~40%，到现在发展到72%~75%。维系自然生态系统存在的水，在20世纪50年代以前占塔里木盆地水资源的60%以上，现在不到30%。现在的调控也好，优化配置也好，基本上是工业用多少水、农业用多少水、城市人口用多少水，那么给自然留下多少水？给自然留下的水如果没有达到自然生态系统生存所需要的水的最低限度，就会使整个绿洲的生态系统发生危险，甚至有可能使某一块绿洲的生态系统出现恶化乃至崩溃，这从 20 世纪 50 年代中期塔里木河下游过度开荒造成区隔塔克拉玛干沙漠和库姆塔格沙漠的绿色走廊急剧缩减，胡杨林面积锐减的个案就可以得到启示。我们现在搞人工种树、人工种草，无疑在短期内有益于生态环境改善，但这也需要大量的水来维系。现在有塔里木河流域管理局统一调配水资源，调配的目的首先是满足人类社会的需要，但留给自然的水有多少才是关键。塔里木盆地现在进入工业化时代，对塔里木河水资源的配置以及水资源背后的利益博弈，对生态环境会产生什么影响，将来可能引发一连串的问题。因为从内地迁过来的很多工厂都是用水大户。棉纺、食品加工、化工等企业都是用水大户。阿拉尔是塔里木河三条源流河的交汇处。2009~2019 年，我数次去阿拉尔水管所做调研后了解到，三条源流河的来水总量基本是均衡的，但是用水量在增加。所以我始终有一个问题，自然资源的人工配置，给自然留下多少可供它活下去的资源。

塔里木河流域管理局的宣传口号是在保证生态用水的前提下进行水资源优化配置。怎么叫保证生态用水？修上一条条渠道，给胡杨林及其周边地区灌水，是否能保证这里的生态系统可持续发展？从 2000 年 5 月 14 日给塔里木河下游第一次输水起，至今已经输水 24 次，对下游生态环境改善起到了积极作用。这里有个前提，即近年来由于气候变化的原因，为塔里木盆地提供水源的天山和喀喇昆仑山的冰川和积雪融化速度加快，几条河流的水量明显增加，特别是原来作为罗布泊和台特玛湖主要供水来源之一的车尔臣河断流多年，近年来由于昆仑山北坡冰川和积雪融化速度加快，这条河流恢复了向台特玛湖输水，加速了这个尾闾湖泊水面面积的扩大。把台特玛湖湖面扩大只说成是人工输水的结果不完全符合事实。

塔里木河沿岸，比如轮台、新和、沙雅等这些地方都存在大片的胡杨林，分布在主干河道两边。过去塔里木河摆动一下，河水溢出去，把胡杨林灌溉一次，三五年绝对没事，胡杨林活得好好的。现在塔里木河不摆动了，现在和城镇里的人工草地和公园里的植物一样，用一个塑料管道，抽点水把胡杨泡一下。另外，胡杨的种子落下来，必须掉在水里浸泡，种子落地的土壤必须是湿的，种子才能发芽，第二年才能慢慢长出来。出上十棵苗，最后能够活下来一棵苗。这种人工浇灌，不可能像漫灌一样，胡杨树的苗怎么能存活下来？

从大西海子到台特玛湖这段生态廊道有 170 多公里，塔里木河的尾巴在那里摆动。不同的历史时期，摆到这边形成了一条河，若干年以后又摆了一下，摆到那边去又形成一条新河道。河道摆动对于沙漠里的植被，特别是胡杨林的持续存在有不可替代的作用。

塔里木河下游断流后，国家从 2000 年开始输水，到 2008 年已输水近 22.59 亿立方米，但是 2009 年塔里木河又出现断流，当年 5 月底，中国科学院《人与生物圈》编辑部的韩念勇教授一行、海鹰教授和我从阿拉尔出发，沿河考察，好几次我站在干涸的河道中央，看着湮没在鞋底下的河沙，内心非常震撼。到了台特玛湖，发现经过 8 次输水形成的湖面又干涸了，我更是目瞪口呆。

现在台特玛湖面积增大，一个原因是输水，另一个原因是喀喇昆仑山和昆仑山气候变化带来的影响。2012 年，从大西海子水库输出的水加上车尔臣河洪水泄下来的水，使台特玛湖湖面扩大到 120 平方公里，后面逐年扩大到 300 平方公里，用了六年时间达到了 480 平方公里，现在湖面已经有 520 多平方公里了。喀喇昆仑山和昆仑山雪水融化的速度在加快、融化的面积在增加，因此每年可以给台特玛湖输水。但是冰川能融化到什么时候？等到无水可输了，气候变化究竟会给塔里木河及其周边环境带来什么样的复杂影响？现在很难说清楚，但是值得关注。

我讲到绿洲有自己的规律。现在形成的这一套水资源调控管理制度，是不是能够保证人造绿洲可持续？我一直是存疑的。草原站工作人员对于生态廊道恢复充满忧虑，他们是当地人，更了解情况。以前河流摆动，一摆动可以带去几百立方米、几千立方米，甚至上万立方米的水，并且可以和地下水相接。现在利用管道漫灌一下，漫灌的面积能有多大，流动的速度有多快，然后渗下去和地下水相接能达到什么程度？这些事情过去都是自然界自己管的，自然能解决的问题应该交给自然。该由自然管的事情现在人管得多了是不是好事？不过现在没办法。将来如果有个 AI 系统来管理塔里木河，我估计管得更细了。人还有点同情心，AI 系统则是完全按照另外一种指令在做事情。科学技术会产生一些非常好的效益，但也会造成一些非常复杂的问题，是把双刃剑，需要慎重考虑。

我们在生态环境治理上有点像西医，哪个地方出问题了就动个手术切掉一块，但是没有考虑到，一是自然是一个整体，有自身的规律；二是生态系统有它自己的规律。整个生态系统，小区域和大区域有规律上的相通性。我们把小区域中出现的问题掐断了以后，整个规律上的相通性并没有改变。虽然这边的伤口治好了，但是如果所需的血液和营养没有做充分的供给，那么它就会面临一个缓慢衰亡的过程。例如，楼兰的消亡，那是几百年前的事情。我们当代人看不到，当代人只顾着忙当代人怎么活着。后代人怎么活着的问题，当代人现在已经越来越少考虑。

五　绿洲生态人类学的研究现状及未来转型

问：崔教授，目前绿洲生态人类学的研究状况是怎样的？

答：现在我退休了，草原的研究我已经基本不做了，但还是有机会到草原地区看一看，我的几个学生都做得非常好。绿洲生态人类学调查研究开始至今，没有出过一本书，因为调查还不够，现在每年我都会去南疆看看。但是田野调查比较困难的原因有三个。一是我不在岗了，基本上没有资源做长时期田野调查了。二是即使在岗，由于学校对教师管理制度的原因，我也不能长时间地在一个地点进行调研。人类学认为 1 个月不是田野调查，至少 3 个月，最好一年，因为 12 个月是可以看到自然生态环境和人类社会关系的一个周期，能看到一个较完整的过程。例如，对种植棉花的调查。这个过程我是千方百计完成的。从犁地、泡水、播种，一直到收获，整个过程我进行了观察。我还非常希望能够观察到其他农区植物，如瓜果树木的种植过程，农民是怎么管理瓜果植被的，比如葡萄如何开墩等。三是现在绿洲社会经济快速发展，传统文化中的很多内容消失速度加快，新的生态文化形成受到的阻碍比较多，短期内认识这个过程比较困难。

问：现在绿洲生态人类学在整个生态人类学中处于一个什么样的地位？

答：目前的绿洲研究是地理学二级学科下面的一个研究方向。新疆的自然科学家，特别是地理学家、生态学家等，包括农学家、林学家、水利专家对绿洲的研究走在国际前列。新疆生态地理研究所的专家们与吉尔吉斯斯坦、乌兹别克斯坦、哈萨克斯坦合作开展了绿洲研究、干旱区地理生态研究等。但是从人文社会科学角度来看，虽然我们提出了绿洲生态人类学作为生态人类学研究的一个方向，但是目前响应者没几个人。我再也没有见到关于绿洲生态人类学的研究论文或著作。我曾经在西安、张掖的几次会议上，呼吁过这个问题。河西学院的一些老师们和研究者对这个还是比较感兴趣的，但是他们总觉得可以用其他的名词来代替，不一定非要用绿洲生态人类学，可以说"干旱区人与自然的关系"等。所以目前你要说它有什么地位，真的说不上，很边缘。但是我始终认为这是一个值得研究的问题。为什么呢？全球干旱化程度不断加深，传统的绿洲基本上都是处于干旱区和半干旱区，即沙漠戈壁这些区域。我后来注意到一个现象，现在国家提出来的丝绸之路经济带最重要的地区大部分都处于绿洲带上。而且新疆绿洲的人口密度在国内是最高的，比如，喀什绿洲不到 14 万平方公里，中间的沙漠不算，现在有 500 万人口。人地之间的关系，一方面在历史上是非常紧密的，但另一方面二者的矛盾随着当代的一些问题而暴露出来。

另外，关于气候变化，绿洲是最先感知到的。新疆这几年雨水比较多，河水比较丰沛，政府官员们很高兴。但是背后原因是什么？温度升高以后，冰川和积雪融化加快。由于气候变化，当这些冰川和积雪消失以后，新疆从哪里获得水？有句古诗"春江水暖鸭先知"，可以说"气候变化绿洲先知"，所以这个问题是比较大的事情。我认为对于绿洲的研究应该多学科来做。生态人类学的绿洲研究应该有一席之地，因为它是沟通自然科学和人文社会科学的一个通道。曾经在陕西师范大学工作过的黄达远教授在这方面做了很多工作，他从拉铁摩尔的著作中汲取了很多营养。在中国西北地区单独提出绿洲研究，拉铁摩尔是第一人。黄达远把绿洲和宏观历史联系起来，提出天山廊道及周边的绿洲等，分析绿洲在内亚的位置，并且谈到绿洲研究和国家安全等问题。他和我们的出发点一样，最后他走到了一条阳光大道上，而我们还在小道上。他在这方面确实花力气做了呼吁，也有很值得进一步研究的看法。

我还有一个问题要单独谈一谈，生态人类学现在面临一个转型的问题。生态人类学早期和人类学研究有些相似，研究的是一个社会中没有现代化的群体和自然之间的关系，包括刚讲到的美国印第安纳大学 Moran 教授早期研究的问题。但是现在发生了一个重大的变化。美国一位学者杰里米·里夫金指出，1908 年时，地球上有 85% 的部分还是处于野化状态的，是没有人类发展痕迹的。然而在今天，只有 25% 的地球仍然是荒野，剩下的 75% 是属于人类的。这句话给了我一个启示，与 40 多年前我第一次到塔克拉玛干沙漠时看到的情景相比，今天的塔克拉玛干沙漠不少地方已经很"喧嚣"了。传统生态人类学研究的那个自然在很大程度上已经从一个"野化自然"变成了"人化自然"，这个变化太大了。于是我们现在可能面对从绿洲生态人类学发展到绿洲生态环境人类学的这样一个转型过程。

六　绿洲生态人类学的方法讨论

问：绿洲生态人类学跟环境社会学其实都属于跨学科的研究，您觉得绿洲生态人类学，它作为一个跨学科的研究领域，在研究过程中我们需要注意哪些问题？

答：我和陈阿江老师、包智明老师、张玉林老师、崔凤老师开会时一起聊过，大家都认为环境社会学和生态人类学的研究方法是多学科的，生态人类学虽然也采用多学科研究的思维和方法，但是生态人类学涉及哲学问题，这个环境社会学可能一般不愿意多谈。生态人类学讲究天人之道，万物共生共荣，这牵涉到一个长的历史时期。环境社会学可能共时的研究更多一些。那么，生态人类学，特别是绿洲生态人类学，比较多地注意历时与共时结合的研究。我注意到环境社会学也注意历史问题，陈阿江老师档案材料用得非常漂亮。他研究太湖周边的环境问题，使用了太湖地区的历史档案，所以研究成果很厚重，也非常丰富。

做绿洲生态人类学研究，需要注意以下两个方面。

第一，绿洲生态人类学更多地注意一个区域人类生存下来的历史，口传、民间的东西可能更多一点。所以有时候生态人类学被一些生态学家、地理学家认为"不可靠、不科学"。如草原绿洲中经常可以听到的"谁砍了树胳膊要掉"的话，可信吗？但是绿洲生态人类学认为这种民间传说，无论我们称之为生态习惯法也好，还是生态伦理习惯也好，它在某种程度上都可以起到保护自然界一些物种的作用，进而对保护整个生态系统有价值。所以，自然学科方面，我们涉及的东西差不多。人类学大学科里面分子人类学和基因人类学目前发展迅速。人类学研究目前注重基因研究，希望追溯本源，最终聚焦于物种基因。这方面国内接触的人不多，国际上的相关研究已经进行了十几年。但是从人文社会科学角度来讲，绿洲生态人类学关注哲学问题，因为自然观就是一种生存哲学。

第二，绿洲生态人类学关注长时段的历史研究，特别重视漫长历史时期中本土民间积累的地方知识。绿洲生态人类学可能比环境社会学更重视这一点。我不是说绿洲生态人类学比环境社会学做得好，而是人类学家认为书本知识虽然也重要，但更喜欢去实地做田野调查。人类学家通过田野调查收集到资料，形成个案，回来后完成民族志。所以在这种情况下，我认为环境社会学和绿洲生态人类学可以互相借鉴，互相学习，取长补短。

我刚才讲到绿洲生态人类学将来可能要向绿洲生态环境人类学转变，一个原因是刚才谈到的荒野已经消失了，现在都是人化的自然。另一个原因是从方法上重视共时的东西的可能性比较大。举个简单的例子，气候变化形成环境危机，是最近 100 多年来才形成的。这个时间从长时段来讲是比较短的时期。那么在这个时候它对自然生态环境、对人类社会的影响，是历史上任何时期的自然灾害所不能比拟的，这是一个全方位的影响，对整个人类产生了威胁。前天我看到北京的几个单位发了消息，说北京这次遭受的雨水灾害是有记录的 140 年以来的最强烈的一次。过去洪水把自然界动植物生存的生态环境冲毁后，自然可以恢复过来。现在洪水是把人建造的很多建筑和区域人造生态系统冲毁，自然恢复不了，人类必须花费很大的代价重建。因此，我希望后来做生态人类学或者做绿洲生态人类学的学者，多多关注环境社会学的一些研究，尤其是共时、断面这一块的研究。我们原来的一些研究方法远远不够，应互相借鉴，互相学习。

问：新疆非常大，占国家国土面积的约 1/6。您刚强调生物多样性和文化多样性共存对新疆有特殊意义，对于研究者而言新疆既是研究的富矿也是挑战。比如对新疆不熟悉的研究者们，进入新疆如何选择调查点是个挑战。那么您面对这个研究富矿，是怎么去选择调查点的？

答：这些年，国内一些大学，包括社科院的一些博士生、硕士生到新疆做调研都问过我这个问题。真不好回答。为什么？20 世纪八九十年代我可以向单位请假半年去做田野调查，但是现在不行。从你们的角度，如果没有重大的课题，想请一个月的假，都非常困难。

到新疆来做田野调查，我有一些看法，谈不上建议。

第一，先熟悉新疆。熟悉新疆的地理生态环境、新疆的社会、新疆的文化。如果没有这个基础，那么对于新疆很多深层次的东西可能理解不了。只有对新疆本地了解得越多、越具体，你才能有更多的认识，才能知道自身做的其他地区的研究和新疆有无相似或区别的地方。

第二，如果将来确定要长期做新疆研究的话，最好选择一两个长期可以进行调研的调查点。有人讲，选点要有典型性，有一定道理，但不准确，你做环境社会学的调研，涉及科学技术和人文历史知识，有一个固定的田野调查点非常重要。就塔里木河流域讲，这里任何一个有人类居住的绿洲，无论大小，都是合适的调查点，当然由于所做课题内容和目标的不同，选择有所不同。我这样说，是受我在剑桥大学的导师的影响。她当时做内亚游牧社会的研究，在苏联的布利亚特和图瓦选择了两个点。她的博士论文非常有名，叫《卡尔·马克思集体农庄》，成为经济人类学研究的经典。做完博士论文以后的 20 多年间，她每隔几年都要去这两个调查地点看看。我就问她，"为什么不选择其他的调查点"？她回答说，"人类学就是长时段的观察"。后来她从经济行为观察到萨满教在传统社会起的特殊作用，又开始做田野调查。在长时段不断观察的过程中，我们会不断找到新的研究题目，而新的研究又体现在原来研究成果的基础上。她原来主要做的是经济人类学的研究，后来做社会发展、宗教人类学、生态人类学以及跨境贸易文化的研究，这两个调查点积累的经验和知识都起到了很好的作用。

我讲个自己的例子。新疆人有一个特点，和你越熟悉、关系越好，他的戒备心越低，越敢大胆说话，什么事都愿意告诉你。我在喀什的恰巴格乡做田野调查时请了两三个 30 多岁的妇女帮我做一些问卷，她们知道了我做的人类学调查想了解什么，因此每隔两三年我回访一次时，村子里发生的各种变化，甚至谁和谁打架了，毛拉们怎么说，村干部怎么说，怎么处理的。不用我问，她们就会把这些事情告诉我。因此，建立一两个比较长期的调查点，每隔两三年去一次，跟当地居民面熟了，调研就更加方便。另外，做田野调查不要着急。我到村子里做田野调查时，前几天我什么事都不干，就坐在村子里的十字路口，点上一支烟。有人过来我就递上一支烟，与对方聊聊天。一个星期之后，他们就成为我的宣传员，会不断有当地人来跟我聊天。在这个过程中，我就找到感兴趣的话题，然后深入调查。像这样的调查，不要直接按照提纲去问，就是聊天。从八竿子打不着的话题开始，最后聊到你要问的问题那里就行。再比如，我在农民家里住了两三个月。刚开始，双方还有点戒备心理，最后一个月，我的烟没了。村民就拿出"莫合烟"，用纸一卷，我们就开始抽烟聊天。我绝对不是刻意访谈他，但聊天的时候他给我提供的那些信息，是访谈十个人都收集不到的资料。人和人的交往是一个最基本的社会关系。如果不维护交往关系，我们调研时很多事情都做不成。

第三，注意新闻报道。我讲的新闻报道不仅是官方媒体报道，也包括各种媒体对你调查问题的报道，要保持长期收集资料的习惯。这种资料收集可以建立一个连续性的文本。虽然有些新闻报道不全面，但是也有其价值。要学会发现问题本身，乃至问题的根源所在。这取决于你将长期做什么主题的研究。例如，关于新疆绿洲人水关系的研究，阿拉尔作为塔里木河三条源流的汇聚地，现在正在实现工业化，它将来的工业化和城市化的发展趋势对于塔里木河流域绿洲人水关系会产生什么样的"示范"影响就非常值得注意。

黄盛璋先生说过，绿洲是内陆沙漠地区人类生存和生活的基地，研究古今绿洲产生和发展的原因、过程、变迁规律、对发展趋向的预测以及绿洲人类群体与自然的关系，对我国西北干旱地区社会稳定、经济发展乃至国家生态安全都具有重要的战略意义。鉴于我国西北地区绿洲存在的地理生态历史和现实，也鉴于黄盛璋先生的上述观点对于今天的启示，我希望学术界对于绿洲研究，特别是绿洲人与自然关系的研究，应该给予更多的关注，做更多接地气的研究。

近年来，我们在新疆所做的人类学研究工作，从地理生态环境的角度，主要涉及新疆的草原地区和绿洲地区。这两片区域生活着13个文化差异鲜明的世居民族。在这样的地区，做人类学调查和研究，常常让我们感到力不从心，即使在一个生态和文化边界线比较清晰的"大地区"做调查，也让人感到多样性给调查和研究带来的挑战。我讲的不是宏观的理论叙事，而是我们在新疆从事绿洲生态人类学研究的体验和认识。这种体验和认识不可避免地存在缺失与不足，希望得到批评和指正。

在绿洲生态人类学的研究中，如何看待新疆绿洲，特别是塔里木盆地的绿洲，就必须面对过去几千年中积淀下来的生态史和文化史资料，就必须应对生态与文化耦合变迁的挑战，必须对这样的耦合与解体做出理论的阐释。在我自己的研究中，特别受益于尹绍亭教授和杨庭硕教授所做研究的启示。尹绍亭教授在云南所做的生态人类学研究，有一个鲜明的特点，就是"区域研究"，具体到村落与生态环境史的有机结合。从杨庭硕教授和他的团队所做的水资源研究中，我也受益匪浅。这些研究成果帮助我在田野调查中对绿洲水资源存在的特点、各民族对水资源的使用给予了重点关注，也获得了新的认识，使我们注意到本土人水关系的变动对当地生态环境的影响。绿洲居民适应这种变化的心态和行为既影响了生态史的过程，也推动了生态文化史的变化过程。

七　对生态文明建设的启示

问：您认为绿洲生态人类学在当前生态文明建设中有哪些贡献或启示？

答：关于生态文明建设，怎么讲它对我们这个国家和民族生存和发展的重要性都不为过。我自己认为，生态文化是生态文明建设不可或缺的基础之一。

关于生态文明，现在各种界定非常多。大部分界定是共时性的。如果从生态人类学的角度，或者从新疆地方性知识的角度来看，生态文明有一个基础性的东西，就是在漫长的历史过程中形成的生物多样性和文化多样性的共生共荣、和谐存在的状态，这构成了生态文明的基础。两个多样性任何一方面的丧失或者减少，都会导致整个社会的生态文明出现危及自然生态系统和人类社会系统和谐共存的危机。令我非常高兴的是，最近中央召开了关于生态文明的会议，其中讨论了传统文化和生物多样性关系的问题。生物多样性是自然界演化的结果，文化多样性是人类社会适应自然并在不同的自然生态环境中产生了不同的文化。所以站在自然界与人类社会共生共荣的高度，认识两个多样性如何能够和谐地存在和发展是生态文明建设应该考虑的问题。

我们需要培育一种适应人造生态环境的新生态文化。现在媒体宣传生态文明建设，例如大城市修环城大道，种了各种树，建了花园和草地，市民们可以到环城大道的任何地方休闲，这就是生态文明。但我觉得这不是生态文明的全部，只要自然界出现异常，这些人造的环城生态环境就会面临威胁。生态文明是人与自然关系的和谐状态，需要人的文化底蕴作为基础，有个观点讲"自然背后是文化"，我很赞同。在一个公园，几个小朋友把自己的巧克力豆给小鸟吃。过了一阵小鸟出现了问题，后来死了。你能怪小朋友吗？小朋友想我最喜欢巧克力豆，小鸟也应该喜欢吃。像这种情况，将来人与人造自然生态系统中存在的生物接触会越来越多，那么在传统生态文化的基础上如何形成城市生态文化，就非常重要。我们不能只在公园里树立"小草也有生命，不要践踏"的宣传牌，而是要思考怎样从观念与行为准则上处理这个事情。因为现在城市中的大部分人是来自其他地区，特别是农村地区。他离开了原来的自然生态环境，到了人化生态环境中，不知道在这个生态环境中应该怎么做，是不是需要开始一次新的适应。这种适应形成的城市生态文化对于维系城市人造生态系统的重要性怎么强调也不过分。

回到如何使生物多样性和文化多样性共生共荣的状态得到可持续发展，这是生态文明建设能否成功的基本条件之一。当代人在适应方面面临的危机比过去的人多得多。生存危机大的时候，人们就很少考虑自然和人类的关系。但是从长远角度看，我们不考虑的问题可能是更深远的问题，所以这方面就需要做更多的事情。

科学技术确实可以局部地改变一个地方的水资源配置，而且使水资源的使用向好的方面转化。例如前面讲过，原来若羌县和尉犁县种植棉花采用大水漫灌的方式，一亩棉田一年消耗1100立方米水。现在采用了滴灌技术，一亩棉田一年消耗 350~600 立方米水。但是另一个方面会出现问题，也就是生物多样性的问题。棉花或者其他经济作物，比如红枣，面积种得越来越大，单一植被形成不了生态系统。我问当地农民能不能在红枣林里腾出来 1/4 的土地种杨树、胡杨、榆树和红柳等，然后放羊。畜牧业不要丢，羊进去后，羊的粪便可以留在树林里。原来的这套生态循环系统，现在能不能重建，是一个问题。如果让农民从 400 亩红枣林中拿出 100 亩地搞生态系统重建，由于产生不了经济效益，他可能将损失 20 万元。现在经济效益和生态效益之间如何取得一个平衡，是个比较大的问题。

现在经济效益第一已经成为一种意识形态。政府的政绩考核看这个，老百姓认为自己收入多少，也是看这个。怎么样才能达到一种平衡呢？若羌县开垦的一些所谓的荒地，实际上我们叫荒漠草地。荒漠草地，只要有一点点水，它就可以维系而不至于沙化。如果没有水，无论是种红枣，还是发展工业或其他产业，都会遇到问题。当完全工业化以后，一个人造绿洲城市或者多个绿洲城市会出现，刚才我们谈到的人造绿洲面临的一些问题就可能成为限制性因素，仅依靠技术能否解决？值得思考。

再次感谢陈阿江教授，也再次感谢你专程来新疆访谈我。

ENVIRONMENTAL SOCIOLOGY RESEARCH   No. 1 （2024）
                                                    April 2024

Table of Content & Abstract

Modernization of Environmental Governance

Study on Influencing Factors of Regional Environmental Conflict Risk and Collaborative Governance Path: Based on the Social Amplification of Risk Theory and Provincial Panel Data

Abstract: As an important part of environmental risks, environmental conflict risks are affected and restricted by many factors which may be from the impact of environmental pollution and the impact of macroeconomic and social development. What factors have a significant correlation with the environmental social risks in a region? Based on the SARF theory, an analysis model of environmental conflict risk influencing factors is established, and 31 provincial-level regional dynamic panels data are adopted from 2003 to 2015. The analysis of the data leads to these empirical research conclusions: First, as risk source, environmental pollution has a significant positive correlation with the risk of environmental social conflict. Second, as the information carrier of risk society amplification, the Internet does not have a positive correlation with environmental social conflict risks, and the development of the Internet at the macro level does not have the social amplification effect of environmental risks. Third, as the social factor of risk amplification, the regional income gap factor has a significant positive correlation with the risk of environmental conflict. Fourth, as a social risk reduction factor, the environmental governance input factor has no significant correlation with the environmental conflict risk. Based on the above empirical research conclusions, countermeasures are considered for collaborative governance paths (technology control, system reform, social prevention and control) to prevent and resolve social conflict risks in the environmental field.

Keywords: Risk Governance; Environmental Conflict; Collaborative Governance

The Influence of Material Supply and Social Capital on the Public's Willingness to Participate in Environmental Governance

Wang Xiaonan, Zhang Yongfen / 23

Abstract: Based on the theory of social practice, social capital and environmental psychology, this paper constructs an impact path for the public's willingness to participate in environmental governance. Using CGSS 2021 data, this paper analyzes the impact mechanism of material supply, social capital and environmental concern on the public's willingness to participate in environmental governance, and explores the dual action logic of public participation in environmental governance. Put forward the effective path to promote public participation in environmental governance. The structural equation results show that the awareness of environmental policies and the improvement of community environmental conditions in the material supply path and the social interaction in the social capital path not only have a significant driving effect on the public's willingness to participate in environmental governance, but also have an indirect driving effect on the public's willingness to participate in environmental governance through environmental concern. Social trust has only a direct positive effect on the willingness to participate in environmental governance. Therefore, the paper puts forward the dual cultivation path of public environmental governance participation with material empowerment and cultural empowerment: on the one hand, actively publicize and popularize environmental policies, expand publicity channels, improve community environmental quality, and build a perfect material supply system; On the other hand, enhancing social trust, creating good interpersonal mutual assistance and reciprocal social norms will help cultivate the internal driving force of public participation in environmental governance. The above findings provide a reference for building an environmental governance system with multi-subject participation and promoting local governments to improve their environmental governance capabilities.

Keywords：Environmental Governance；Public Participation；Material Supply；Social Capital；Environmental Concern

Research on Innovation of Environmental Governance Models Driven by Technology Empowerment：Exploring the Practice of Environmental Hospital in City A

Gao Xinyu，*Yang Zhijing* / 46

Abstract：The increasingly complex and dynamic environmental problems call for innovations in environmental governance models. Empowering environmental governance through technology has become a new path to enhance environmental governance ability and efficiency. Through an empirical study of the "environmental hospital" practice in City A of Anhui Province, it shows how local governments and environmental protection enterprises can achieve collaborative governance through technology as a "bridge". The research finds that the "environmental hospital" takes data-driven, two-way empowerment, and information sharing as its core logic, realizing the integration and fusion of environmental data resources, the utilization and integration of human, financial, and material resources, as well as the whole-process closed-loop monitoring and management of the environment. However, its development contains technological rigidities, data security, and data dependence as the main technological concerns. At the same time, it also faces real bottlenecks like fiscal sustainability, establishing network effects, and the lack of regulatory frameworks.

Keywords：Technological Empowerment；Smart Environmental Governance；"Environmental Hospital"；Environmental Governance Model

Governance of Water Environment and Water Resources

The Fiscal-Centric Model of Rural Water Resources Development and Its Evolution: From Tax Revenue Allocation to Project-Budget Based Allocation

Hu Liang / 79

Abstract: With the implementation of the household responsibility system, rural water resource development has gradually shifted from a population mobilization model to a fiscal-centric construction model. This article uses a case study from a county in central Jiangxi Province to illustrate how changes in the fiscal budget system have also influenced resource mobilization in rural water resource development, becoming the primary factor determining resource mobilization in water resource development. Under the tax revenue allocation system, township governments were responsible for fiscal contracting and relied on local finances to support water resource development, leading to a township-led power structure. After the agricultural tax reform, fiscal transfer payments became the primary source of funding for water resource development, with the requirements of higher-level authorities determining the entire process of project construction and assessment, weakening the power of township governments. However, despite the dominant role of higher-level contracting departments with budgetary decision-making authority in projects, the administrative power structure at the township level has not undergone substantive changes, and the relationship operations of township-level governments continue to influence the operation of the fiscal-centric model.

Keywords: Water Resource Development Model; Fiscal-Centric Model; Fiscal and Taxation System; Relationship Operations; Power Structure

From "Consuming Wealth for Governance Rivers" to "Generating Wealth through Rivers": An Analysis of Local Governments and Their Dynamic Mechanisms in Urban River Governance

Liu Min / 100

Abstract: Since the reform and opening-up, with the rapid development of industrialization and urbanization, the problem of urban rivers in China has become severe, and governance must be enforced. As the construction of ecological civilization has become a national strategy, under the pressure of a top-down system and high-level political mobilization, local governments have begun to integrate government functions and implement governance responsibilities through institutional innovations such as the river chief system. Local governments have invested a large amount of manpower, material resources, and financial resources to carry out governance, and a "consuming wealth for governance rivers" urban river governance has been promoted. However, based on the governance scenario of "strong pressure-weak incentives", due to the high investment, long cycles and slow returns, the phenomenon of "river governance affected the fiscal revenue" is prominent, and local governments are hesitant to govern, unable to govern, and unwilling to govern. In the process of governance of L River in Q City, a large water shortage city in the north, through mechanisms such as reshaping governance concepts, transforming development methods, and rebuilding incentive mechanisms, urban river governance has been continuously combined with urban development and construction. It has not only successfully driven the transformation of new and old driving forces in the basin, the transformation and upgrading of urban industrial structure, and an increase in government revenue, but also contributed to the performance evaluation and economic incentives of local officials, The governance model of "generating wealth through rivers" has promoted the formation of endogenous power for local governments to govern rivers.

Keywords: Urban River Governance; Local Governments; Dynamic Mechanism; "Consuming Wealth for Governance Rivers"; "Generating Wealth through Rivers"

Governance of the Shiyang River Basin from the Perspective of Environmental Justice

Xie Lili, Kang Lixin / 119

Abstract: In the current modern context of building a harmonious coexistence between man and nature, environmental justice issues in river basin governance becomes more and more important, especially in inland river basins where water resources are severely limited. The management of the Shiyang River Basin, launched in 2007, has always centered on "water" as the core and foundation of the ecological environment system and the promotion of economic and social development. The breakthrough and focus of the management are mainly to alleviate human-water conflicts and upstream and downstream water conflicts. Let the river basin move towards the harmonious coexistence of man and nature and the win-win cooperation between upstream and downstream. This article constructs an analytical framework from the perspective of environmental justice to explain the internal mechanism of good results in Shiyang River Basin governance. The governance practice of the Shiyang River Basin reconstructs the water use order, realizes interspecies justice between man and nature, and upstream and downstream regional justice. It is an environmental justice governance. In this process, environmental recognition justice is a prerequisite, environmental institutional justice is an important guarantee, and environmental distribution justice is the core key. The three levels interact with each other and form synergy, jointly promoting the governance of the Shiyang River Basin. Exploring the mechanisms and paths of environmental justice-based watershed governance can not only enrich the theory of watershed governance and environmental justice, but also provide empirical reference for the practice of governance of large rivers.

Keywords: Shiyang River Basin; Water Crisis; Environmental Justice; Watershed Governance

The Problem of Waste and Its Treatment

Bilateral Remediation: The Governance of Inventory Waste Pollution from the Perspective of the Relationship between the State and Farmers

Sun Xuyou / 140

Abstract: With the accelerated modernization of the domestic waste governance system and capacity, the environmental and health risks of inventory waste pollution have become a new issue in urban and rural environmental governance. The pollution control of inventory garbage is accompanied by the full cycle of garbage disposal, and the inventory garbage embedded in rural society has received dual attention from the government and farmers. The socialization and landscaping of landfill sites have forced the government to adopt a lifestyle management logic to address the community environmental risks of secondary pollution caused by inventory waste. Unlike the government focus on the restoration of living spaces in rural society, farmers tend to prefer the restoration of daily life order and create a lifestyle that coexists with existing waste. The problem of secondary pollution caused by stored garbage has been temporarily resolved through the two-way restoration of government's landfill closure action and farmers' livelihood satisfaction. The inventory garbage in rural society is still full of uncertainty, and the environmental health risks of secondary pollution caused by inventory garbage still need to be strengthened in social prevention.

Keywords: Inventory Waste Pollution; Bidirectional Repair; Live Governance; Relationship between the State and Farmers

The Environmental Discourse of Rural Household Waste Disposal and its Constructive Logic

Jiang Pei / 153

Abstract: An environmental constructivist perspective on rural household waste disposal reveals that there are "regulatory discourse", "scientific discourse" and "life discourse" in different social contexts. Under the environmental regulation discourse, government-led environmental management is the main way to deal with the problem of rural household waste. Under the environmental science discourse, market-based environmental technology management becomes the main way to deal with rural domestic waste. Under the discourse of environmental life, local residents become the core practice subject to deal with the problem of rural domestic waste, effectively tapping the ecological wisdom of local residents. Therefore, based on the analysis of the types of environmental discourse on rural domestic waste treatment, it is argued that environmental discourse is closely related to social situations, and different social situations trigger different types of environmental discourse. Moreover, the existence of inter-construction between environmental discourse and environmental action helps to further understand the socio-cultural logic behind the construction of environmental discourse.

Keywords: Rural Area; Domestic Waste Disposal; Environmental Discourse; Social Logic

The Embedding Dilemma of Urban Community Domestic Waste Classification and Its Treatment

Wang Sitong / 179

Abstract: With the advent of the era of mandatory classification of urban household waste, how to integrate household waste classification into community daily work based on policy systems has gradually become an important means for the government to promote community household waste classification. However, in practice, the government has shifted its management thinking from emphasizing community participation to emphasizing administrative drive in the process of embedding household waste classification into communities, resulting in a change in action from positive response to negative response in community household waste classification. For this reason, most cities have not yet established a comprehensive system for household waste classification, especially when the front-end is not available at the end. This not only leads to a structural tension between grassroots governments and higher-level governments in maintaining trust in the community, but also leads to rational actions by diverse community entities in order to stabilize their daily work. Therefore, it is proposed that the government should steadily promote the classification of community household waste in stages, in order to gradually rely on laws and regulations to timely, moderately, and appropriately embed the classification of household waste into the daily work of the community.

Keywords: Urban Communities; Household Waste Classification; Embedding Dilemma

Academic Interviews

Academic Exploration of Oasis Ecological Anthropology Research: Interview with Professor Cui Yanhu

Cui Yanhu, Feng Yan / 195

Abstract: Professor Cui Yanhu grew up in Urumqi, Xinjiang, and his anthropological research has been closely linked to the ecological and environmental problems in ethnic minority areas. As one of the earliest scholars engaged in ecological anthropology research in China, he made a long-term field investigation on grassland nomadism in Xinjiang in the

1990s, especially grassland ecological protection and ecological culture, and found that grassland nomadism and oasis farming farmers had complementary exchanges and mutual identity transformation in a long historical period. In the later stage, he gradually turned to the study of oasis ecology and society, and put forward the concept of oasis ecological anthropology. He pointed out that nature worship, shamanism and Buddhism's cognition of the relationship between man and nature have formed the core of the traditional ecological culture of Xinjiang oasis society through historical accumulation, guiding and regulating the environmental behavior of local residents. In the process of rapid industrialization and urbanization, how to deal with the optimal allocation of water resources and how to balance production water and ecological water was one of the important issues in Xinjiang to achieve sustainable development. It wasgreat significance to construct a new ecological culture on the basis of traditional ecological culture by combining ecological and environmental protection laws and scientific and technological knowledge for the construction of ecological civilization in Xinjiang.

《环境社会学》征稿启事

《环境社会学》是由河海大学环境与社会研究中心、河海大学社科处与中国社会学会环境社会学专业委员会主办的学术集刊。本集刊致力于为环境社会学界搭建探索真知、交流共进的学术平台，推进中国环境社会学话语体系、理论体系建设。本集刊注重刊发立足中国经验、具有理论自觉的环境社会学研究成果，同时欢迎社会科学领域一切面向环境与社会议题，富有学术创新、方法应用适当的学术文章。

本集刊每年出版两期，春季和秋季各出一期。每期 25 万~30 万字，设有"理论研究""水与社会""环境治理""生态文明建设""学术访谈"等栏目。本集刊坚持赐稿的唯一性，不刊登国内外已公开发表的文章。

请在投稿前仔细阅读文章格式要求。

1. 投稿请提供 Word 格式的电子文本。每篇学术论文篇幅一般为 1 万~1.5 万字，最长不超过 2 万字。

2. 稿件应当包括以下信息：文章标题、作者姓名、作者单位、作者职称、摘要（300 字左右）、3~5 个关键词、正文、参考文献、英文标题、英文摘要、英文关键词等。获得基金资助的文章，请在标题上加脚注依次注明基金项目来源、名称及项目编号。

3. 文稿凡引用他人资料或观点，务必明确出处。文献引证方式采用注释体例，注释放置于当页下（脚注）。注释序号用①、②……标识，每页单独排序。正文中的注释序号统一置于包含引文的句子、词组或段落标点符号之后。注释的标注格式，示例如下：

（1）著作

费孝通：《乡土中国 生育制度》，北京：北京大学出版社，1998 年，第 27 页。

饭岛伸子：《环境社会学》，包智明译，北京：社会科学文献出版社，1999 年，第 4 页。

（2）析出文献

王小章：《现代性与环境衰退》，载洪大用编《中国环境社会学：一门建构中的学科》，北京：社会科学文献出版社，2007 年，第 70~93 页。

（3）著作、文集的序言、引论、前言、后记

伊懋可：《大象的退却：一部中国环境史》，梅雪芹等译，南京：江苏人民出版社，2014 年，"序言"，第 1 页。

（4）期刊文章

尹绍亭：《云南的刀耕火种——民族地理学的考察》，《思想战线》1990 年第 2 期。

（5）报纸文章

黄磊、吴传清：《深化长江经济带生态环境治理》，《中国社会科学报》2021 年 3 月 3 日，第 3 版。

（6）学位论文、会议论文等

孙静：《群体性事件的情感社会学分析——以什邡钼铜项目事件为例》，博士学位论文，华东理工大学社会学系，2013 年，第 67 页。

张继泽：《在发展中低碳》，《转型期的中国未来——中国未来研究会 2011 年学术年会论文集》，北京，2011 年 6 月，第 13~19 页。

（7）外文著作

Allan Schnaiberg, *The Environment: From Surplus to Scarcity*, New York: Oxford University Press, 1980, pp. 19-28.

（8）外文期刊文章

Maria C. Lemos and Arun Agrawal，"Environmental Governance," *Annual Review of Environment and Resources*，Vol. 31，No. 1，2006，pp. 297-325.

4. 图表格式应尽可能采用三线表，必要时可加辅助线。

5. 来稿正文层次最多为3级，标题序号依次采用一、（一）、1。

6. 本集刊实行匿名审稿制度，来稿均由编辑部安排专家审阅。对未录用的稿件，本集刊将于2个月内告知作者。

7. 本集刊不收取任何费用。本集刊加入数字化期刊网络系统，已许可中国知网等数据库以数字化方式收录和传播本集刊全文。如有不加入数字化期刊网络系统者，请作者来稿时说明，未注明者视为默许。

8. 投稿办法：请将稿件发送至编辑部投稿邮箱 hjshxjk@ 163. com。

《环境社会学》编辑部

图书在版编目（CIP）数据

环境社会学. 2024 年. 第 1 期：总第 5 期 / 陈阿江主
编. -- 北京：社会科学文献出版社，2024.4
ISBN 978-7-5228-3535-8

Ⅰ.①环… Ⅱ.①陈… Ⅲ.①环境社会学-中国-文
集 Ⅳ.①X2-53

中国国家版本馆 CIP 数据核字（2024）第 079148 号

环境社会学　2024 年第 1 期（总第 5 期）

主　　编／陈阿江

出 版 人／冀祥德
责任编辑／胡庆英
文稿编辑／刘　扬
责任印制／王京美

出　　版／社会科学文献出版社·群学分社（010）59367002
　　　　　　地址：北京市北三环中路甲 29 号院华龙大厦　邮编：100029
　　　　　　网址：www.ssap.com.cn
发　　行／社会科学文献出版社（010）59367028
印　　装／三河市龙林印务有限公司

规　　格／开　本：787mm×1092mm　1/16
　　　　　　印　张：15.5　字　数：223 千字
版　　次／2024 年 4 月第 1 版　2024 年 4 月第 1 次印刷
书　　号／ISBN 978-7-5228-3535-8
定　　价／89.00 元

读者服务电话：4008918866